U0192650

数字化改革

场景应用与综合解决方案

王焕然　陈清华　等◎著

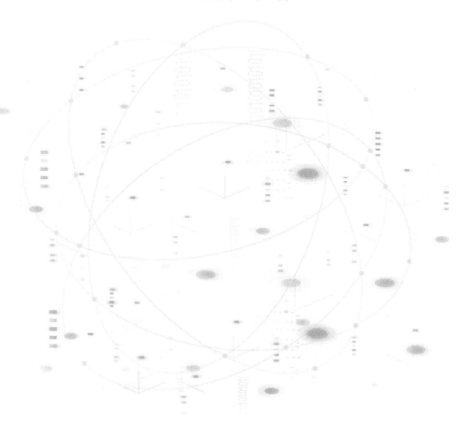

机械工业出版社
CHINA MACHINE PRESS

伴随着新一代信息技术的纵深发展，以大数据、人工智能、区块链、云计算等新兴技术为代表的第四次产业革命在全球范围内深刻影响着经济社会发展及国家治理。数字化改革是第四次产业革命在国家治理领域的深入发展，将重塑生产关系、推进制度变革、转变经济社会发展模式。

本书立足于第四次产业革命及各种技术创新的最新进展，着重描述政策变化带来的新问题，在数据要素化与数据交易中心、数字政府建设、数字社会治理、产业数字化转型、数字金融及其监管等领域，通过丰富翔实的案例说明新兴技术如何用透明、可视化、高效协同的方式解决现实问题。本书概括和阐述了数字化改革的指导思想、方法论与目标；阐明了数据交易中心的运作模式及其重要推动作用；设计了基于社会信用治理的数字政务架构，为政府综合利用新兴技术提升智慧化水平提供了方案；勾画了社会信用体系建设及社会治理共同体的实现，为正在进行的产业链和企业组织重构提供了解决方案；讨论了如何利用新兴技术赋能金融供给侧改革及建设新金融供给体系。

本书案例丰富，政策解读、落地场景和解决方案兼备，适合想深刻理解数字化改革的战略定位、广泛培养数字化技术及应用人才的各级部门、机构、企事业单位的领导者、管理者、学者、咨询师阅读。

图书在版编目（CIP）数据

数字化改革：场景应用与综合解决方案/王焕然等著 . —北京：机械工业出版社，2021. 10
ISBN 978-7-111-69787-9

Ⅰ. ①数…　Ⅱ. ①王…　Ⅲ. ①数字技术-应用　Ⅳ. ①TP391.9

中国版本图书馆 CIP 数据核字（2021）第 248569 号

机械工业出版社（北京市百万庄大街 22 号　邮政编码 100037）
策划编辑：刘　洁　责任编辑：刘　洁　戴思杨
责任校对：李　伟　责任印制：李　昂
北京联兴盛业印刷股份有限公司印刷
2022 年 1 月第 1 版第 1 次印刷
170mm×242mm · 17. 25 印张 · 1 插页 · 213 千字
标准书号：ISBN 978-7-111-69787-9
定价：79. 00 元

电话服务　　　　　　　网络服务
客服电话：010-88361066　机　工　官　网：www.cmpbook.com
　　　　　010-88379833　机　工　官　博：weibo.com/cmp1952
　　　　　010-68326294　金　书　网：www.golden-book.com
封底无防伪标均为盗版　机工教育服务网：www.cmpedu.com

推荐序一　数字化技术驱动转型升级

郑纬民

中国工程院院士／中国计算机学会前理事长

《中华人民共和国国民经济和社会发展第十四个五年规划和 2035 年远景目标纲要》提出，"加快建设数字经济、数字社会、数字政府，以数字化转型整体驱动生产方式、生活方式和治理方式变革"。

伴随着新一代信息技术的纵深发展，以大数据、人工智能、区块链、云计算等新兴技术为代表的第四次产业革命在全球范围内深刻地影响着经济社会发展及国家治理。数字化改革是第四次产业革命在国家治理领域的深入发展。以浙江、广东为代表的经济发达地区已经率先开展了数字化改革和数字政府建设。预计"十四五"期间，数字化改革将在全国范围内展开。

把握数字化机遇，深入、有效地推进数字化改革，需要注意以下几个方面：

第一，数字化改革需要转变传统的软件思维模式，适应数字化技术发展新趋势。在非云计算时代，软件服务主要是以外包形式开发的管理软件或者以许可方式售卖的系统软件。政府等机构的软件思维方式和定价方式也基于上述方式固化成参考标准。在云计算时代，SaaS（软件即服务）成为通用的软件服务模式。在少许定制（甚至无代码开发）的应用界面的背后，是大数据分析引擎、人工智能计算引擎，以及区块链引擎服务。SaaS 模式需要用户根据自己的实际需求定购所需的引擎服务，按定购的服务多少和时间长短向软件公司支付费用。在数字化时代，政府、企业、金融机构需要改变传统的软件思维方式，适应数字化时代的新技术发展形势。

第二，数字化改革要以应用创新带动技术发展，以技术创新驱动场景应用。在中美贸易摩擦常态化的新形势下，我国需要通过科技的自主创新和自主可控，实现我国的经济升级转型。纵观科技发展历史，科技创新不是凭空而来的，科技创新是面向问题、解决问题的。数字化改革为数字化技术创造了大量的应用场景，这些应用场景将会带动我国大数据、区块链、人工智能、应用芯片等计算技术的发展，并通过产业链向上传导，进一步带动我国自主可控数字化技术的创新。

第三，数字化改革要以人民为中心，防止技术中心主义和资本中心主义。第四次产业革命的核心思想之一是"以客户为中心"，或者说"人本主义"。这在我国进行的数字化改革中，体现为"以人民为中心"。"以人民为中心"是充分利用技术解决场景化问题，减轻人民（包括服务者和被服务者）的工作负担和压力，提高全社会运作效率，提升人民的获得感和幸福感。这一方面需要防止过分依赖技术，将人变成技术系统的附庸；另一方面需要防止大型科技公司利用资本优势，将数字化改革变成实施垄断的渠道。

第四，数字化改革需要重视区块链技术的作用，建设自主可控的可信社会基础设施。区块链是人类历史上首次构建的可信互联系统，其核心功能将是提升国家在各个维度的治理能力。这是需要我们深刻理解和准确把握的，也是习近平总书记在十九届四中全会之前组织中共中央政治局集体学习区块链的重大意义。2020 年 10 月 15 日，美国政府发布《国家关键技术和新兴技术战略报告》（*National Strategy of Critical and Emerging Technologies*），将区块链技术列为对我国禁止出口的战略性技术。因此，研发自主可控的区块链底层技术，并在具体应用场景中将之产业化，构建可信社会的底层基础设施，是数字化改革中的重要任务和使命。

　　这本《数字化改革：场景应用与综合解决方案》对数字化改革的背景、指导思想、方法论与目标进行了宏观的概括与阐述，加强了读者对数字化改革的理解和认知，并在数据要素化与数据交易中心、数字政府建设、数字社会治理、产业数字化转型、数字金融及其监管等各个不同领域，通过丰富翔实的案例说明数字化技术如何用透明、可视化、高效协同的方式解决现实问题。这对于各级部门、机构、企事业单位深刻理解数字化改革的高度战略定位、对于广泛培养各类数字化技术及应用人才都将发挥重要作用。

　　国家治理现代化是我国自"四个现代化"之后提出的第五个现代化。数字化改革将推进数字化技术在政府决策、社会治理、产业升级、金融服务领域的全方面应用，提升国家治理能力的现代化；并通过数字化技术的深度应用重构社会运作流程，提升国家治理体系现代化。数字化改革将推动国家真正迈进治理现代化的新阶段，基于数字化技术建设全社会命运共同体。

推荐序二 改革创新是最大的红利

王　涛

浙江清华长三角研究院院长

"十四五"期间，我国进入新发展阶段，改革又到了一个新的关头。资源红利、人口红利已经所剩不多了，改革创新是下一步最大的红利。数字化改革的核心要义是运用数字化技术、数字化思维、数字化认知对国家治理的体制机制、组织架构、方式流程、手段工具进行全方位系统性重塑，这是高效构建治理新平台、新机制、新模式的过程。数字化改革的意义不仅仅在具体的场景应用上，更在于推动生产方式、生活方式、治理方式发生根本性、全局性、长期性的改变。

从农业社会、工业社会，到互联网和移动互联网社会，数字化技术给各行各业带来了冲击，同时也带来了机遇。数字化技术在新冠肺炎疫情防控过程中的广泛应用显示了数字化治理的效力，也进一步推进了全社会的数字化水平，加强了全社会的数字化认知。推进数字化改革，把数字化技术深入应用到政府决策、社会治理、产业转型的方方面面，基于数字化技术建设全社会命运共同体，恰逢其时。

作为浙江"引进大院名校、共建创新载体"战略的先行者，浙江第一家省校共建的新型创新载体，浙江清华长三角研究院（简称研究院）也积极投身数字化技术的研究、应用，以及产业转移和项目孵化。源自浙江清华柔性电子技术研究院的"智柔体温贴"，在新冠肺炎疫情期间千里驰援，在武汉多个方舱医院大显身手；2021 年，在美国开启"技术战"，对华禁止出口区块链等战略新兴技术的背景下，研究院引进了清华大学郑纬民院士团队，使自主创新的区块链技术落地及产业化，为数字化改革的基础设施建设提供了自主可控的技术保障。

研究院深化科技体制改革，形成了"政、产、学、研、金、介、用"七位一体的协同创新发展模式，在人才集聚、成果转化、精准服务企业等方面都取得了积极成效。服务区域创新体系建设是研究院自"诞生"就担负的使命。随着长江三角洲区域一体化发展上升为国家战略，这一使命尤显重要。2020年，研究院启动了"深根计划"，秉持"一切从实际出发"的原则，因地制宜、因实制宜、因势制宜地推进科技服务工作。

这本《数字化改革：场景应用与综合解决方案》由研究院引进的数字化专家、研究院本地的技术专家，以及长期在嘉兴市具有实务工作经验的公务人员携手完成，这本身也体现了浙江清华长三角研究院的特色和优势。本书就村社小微权力智慧监督、城市碳中和多维评估体系、基层治理共同体建设、共同富裕示范区制度探索等一系列我国经济社会中的最新领域和热点问题进行了理论探索和实践总结，期望能为更大范围的数字化改革提供参考和借鉴。

数字化改革是一场"革命"，是系统性制度重塑，是通过数字化改革"倒逼"体制机制的变革。研究院将发挥好"先头部队"作用，在体制机制创新方面大胆实践，先行先试，努力形成可复制、可推广的区域创新体系构建经验，为打造长三角强劲活跃增长极做出更大贡献。

推荐序三　数字化改革：　新发展阶段全面深化改革的总抓手

王锦侠

深圳前海深港现代服务业合作区管理局

21 世纪以来，全球科技创新进入空前密集活跃的时期，新一代信息技术正加速向社会治理、民生服务和产业创新等领域全面渗透，人类文明将加速向虚拟空间全面拓展，引领人类文明步入全面数字化变革新纪元。从数字化技术应用到数字化改革，是一场波及经济社会发展全局、涵盖从生产力到生产关系的全方位变革。新一代数字化技术应用从组织化迈向社会化，不仅改变了生产方式和管理体系，同时也更深刻地改变了社会资源的配置方式和社会组织的运行模式。当前，数字经济驱动增长的核心引擎作用不断凸显，全球各国竞相谋求数字化时代新秩序、新规则、新版图的主导地位。

党的十九届四中全会对推进国家治理体系和治理能力现代化做出了全面战略部署，明确要求建立健全运用互联网、大数据、人工智能等技术手段提升行政管理效率的制度规则。十九届五中全会更是明确提出要加快建设"数字中国"。加速推进新型基础设施建设为"数字中国"建设奠定了坚实基础，战略性新兴产业历史性和整体性的跨越为"数字中国"建设提供了技术支撑，巨大的人口规模和海量的应用场景为"数字中国"的发展酝酿了巨大潜能。体制优势、技术创新和人口红利"三重禀赋"叠加的独特优势将助力我国在全球范围内率先实现数字国家的战略布局。

数据是推动数字化发展的关键要素。随着经济活动数字化转型加快，数据作为生产要素之一，已成为数字化时代国家的基础性战略资源，数据对提高生产效率的乘数作用不断凸显，已成为最具时代特征的生产要素。针对数据爆发增长、海量集聚的特点，充分发掘数据资源要素潜力，才能更好发挥数据的基础资源作用和创新引擎作用。

数字化改革是新发展阶段全面深化改革的总抓手，也是一项牵一发动全身的重大标志性改革。本书以第四次产业革命的发展背景和数字化改革的目标为起点，将数据要素化作为连接点来展开当前对数字化改革进程的描述，进而对数字政府建设、通证化社会治理共同体发展、产业链的数字化重构、数字化金融等具体方面进行了重点研究和阐述。

数字化改革已逐步融入城市发展的各领域和各环节，数字化技术的应用在切实提高人民的生活水平，促进经济社会向共同富裕的目标迈进。从政府治理层面来看，本书展示了智慧大脑成为城市治理现代化的重要载体，不断催生政府治理新模式；从产业发展角度来看，本书描绘了产业主体不断完善信息通信、软件服务等数字产业链，推动大数据、人工智能、数字货币、区块链等技术的应用，通过生产原动力推动产业发展的进程等。在未来的发展方向上，本书为读者勾勒了未来数字世界发展的愿景与畅想。

推荐语

我国发展数字经济，必须大力培育和促进数据要素的商品化、市场化，抢占战略制高点。发展数字经济，首先要加快推进资产数字化，其次要加快推进数字市场化。从微观层面看，要加大数据治理与融合应用的力度，调整业务流程，变革组织架构；从宏观层面看，政府部门（委）要加快数字基础设施建设，发展数据要素市场，创造良好的生态环境。这本《数字化改革：场景应用与综合解决方案》描述了如何利用数据交易中心推动数字市场化，通过丰富翔实的案例描述了在政府、产业、金融等场景如何进行资产数字化，对于引导推动数字经济发展具有极强的现实参考意义。

——肖钢　全国政协委员、中国证监会原主席

第四次产业革命正在深刻地改变全球生产、生活方式，进而影响全球的国家竞争格局和全球治理方式。从这个角度讲，我国正在进行的数字化改革意义重大。数字化技术的深入应用与全面深化改革相互促进，将进一步提升我国政府的决策能力、社会治理能力、产业核心竞争力。在国际政治经济环境方面，我们正面临"百年未有之大变局"，新冠肺炎疫情的应对措施给了我们展示制度优越性的契机；数字化改革则进一步加深了我国国家治理体系和治理能力的现代化程度，提升国家整体竞争力。这本《数字化改革：场景应用与综合解决方案》不仅详细阐述了数字化改革的背景、指导思想、方法论，还总结了数字化改革在各个领域的丰富案例，对碳中和、共同富裕等前沿议题也给出了数字化

的尝试，有助于提升读者的数字化思维，把数字化改革落实到具体工作中。

——蒋小明　联合国投资委员会委员

一幅"全景画"，展现数字化改革的顶层思路、宏大格局、缤纷场景、现实挑战；一场"及时雨"，详述各类数字化解决方案，覆盖社会生活的各个方面，涉及经济社会众多热点领域。作者凭借对区块链技术和数字信用的深入研究，结合社会治理维度的深度思考，系统而创新地解构了数字化改革这一时代命题！读完本书，你必然对数字化改革的印象立体深刻，焕然一新！

——贺臻　深圳清华大学研究院副院长、力合科创集团董事长

前言　从第四次产业革命到数字化改革

自 2016 年第 46 届世界经济论坛（即达沃斯论坛）上正式提出第四次产业革命以来，数字化技术发展迅速，在社会上的应用也愈发广泛。云计算作为基础设施已经成为社会共识；大数据理论和技术的发展日趋成熟，并与深度学习相互融合成为数据智能；人工智能在图像识别与自然语言处理的某些领域的准确率已经达到甚至超越了人工水平；区块链技术经过规范治理后，其在国家治理领域的应用逐渐被人们认可；芯片技术的飞速发展使得物联网和边缘计算的成本日益降低。

第四次产业革命在我国已经深刻改变了老百姓的吃、穿、住、行等日常生活，并诞生了一批世界级企业。我国的"支付科技"已经领先全球，并引发了欧洲国家和美国的监管变革；我国的数字化生活服务可以让老百姓足不出户享受各种便利。然而，虽然"产业互联网""智慧政务""新金融"等新概念不断被提出，新兴数字化技术在产业、政府、金融领域仍未被深入和广泛地应用。

数字化改革是第四次产业革命在国家治理领域的进一步深化。2021 年 3 月 1 日，中共浙江省全面深化改革委员会印发《浙江省数字化改革总体方案》，在全国率先吹响了数字化改革的号角。**数字化改革是第四次产业革命与我国供给侧结构性改革的融合，通过数字化技术在智慧政府、社会治理、产业转型升级、金融领域的全面深化应用，从整体上推动国家经济社会发展和治理能力的质量变革、效率变革、动力变革。**

数字化与之前推行多年的信息化具有本质上的不同。信息化是原有办事流程的电子化，是原有纸面数据的电子化。信息化在信息技术改造社会运行方面是属于"量变"，而数字化是"质变"。数字化技术的发展已经改变了信息服务的性质和模式。数字化是在数字化技术的基础上去深刻思考应该如何改变社会原有的运作方式，实现更合理、更高效的运行。

现实中，大多数人对数字化的认知仍然停留在信息化时代，将信息化与数字化混为一谈，还在用流程电子化和超大规模数据中心（大数据是一种全景化数据思维方式，大数据不等于超大规模数据中心）的思维方式来应对数字化时代。这种思维方式不仅大大增加了人的工作负担，还把人变成计算机系统的附庸和"奴隶"，完全违背了数字化改革以人为中心的基本思想。因此，数字化改革的深入推进，必须要提升全社会的数字化素养，改变传统的软件和数据中心的思维窠臼，运用数字科技赋能改变落后的生产关系，提升我国经济、政府、社会的全要素生产率。

数字化改革是以数字化转型整体驱动生产方式、生活方式和治理方式变革，是"有为政府"与"有效市场"的结合。数字化改革通过数字化技术的发展和应用，提升政府决策效率，改善营商环境，实施普惠金融，完善社会治理，进而打通当前国民经济循环中仍存在的一些"淤点、堵点"，提升全社会全要素生产率。

数字化改革充分发掘国内数字化技术的应用场景，将塑造一个巨大的数字化技术应用市场，通过需求传导带动"卡脖子"技术的突破和发展。这本质上也是"新型举国体制"的展现。在新增长上面，我们追求的不是速度，而是高质量增长，高质量增长要用绿色增长的方式解决环境问题，如"碳达峰""碳中和"问题。我们还要在增长过程中实现共同富裕，解决城乡差距、东中西部的差距，这些都是数字化改革中需要着力思考和解决的问题。

本书立足于第四次产业革命及各种技术创新的最新进展，解析国内数字化改革的指导思想、方法论与目标；阐明了数据要素交易中心的运作模式及其在数字化改革中的重要推动作用；设计了基于社会信用治理的数字政务架构，为政府综合利用各种数字化技术提升智慧化水平提供方案，为政府公务人员减负增效；勾画了基于通证经济学理论如何建设社会信用体系及实现社会治理共同体；为正在进行的产业链重构及企业组织重构提供了解决方案；针对我国金融的主要矛盾讨论了如何利用数字科技赋能金融供给侧改革及建设新金融供给体系。

本书就村社小微权力智慧监督、城市碳中和多维评估体系、城市灾害普查与预防、基层治理共同体建设、共同富裕示范区制度探索、后疫情时代的企业组织方式变革、资管新规时代的财富管理等我国经济社会中的新领域和热点问题提出了数字化解决方案。为保证本书内容的可读性，本书不纠缠于技术实现的细节，而是着重描述政策变化带来的新问题，以及如何利用数字化技术以透明化、可视化的方式来解决问题。

数字化改革将重塑生产关系、推进制度变革、转变经济社会发展模式、提升我国的比较竞争优势。数字化改革的大幕已经拉开，让我们全力以赴！

2021 年　端午

目 录

Contents

第1章
数字化改革的
背景与目标

第2章
数据要素化推进
数字化改革

第 7 章
数字世界的
未来畅想

后记

第 1 章

数字化改革的背景与目标

1.1　第四次产业革命与服务型社会到来

1.1.1　第四次产业革命正在进行

人类社会的发展进程，与新技术的发明和应用有着密切关系。世界近代史上发生过三次产业革命，现在正迎来第四次产业革命。第一次产业革命从 18 世纪末期到 20 世纪初期，蒸汽机的发明使人类全面进入机械化时代，开启了工业生产时代；第二次产业革命从 20 世纪初期到 20 世纪 60 年代，电力的广泛应用催生了装配生产线和大规模生产方式，推动了钢铁、机械、化工等工业的崛起；第三次产业革命始于 20 世纪 70 年代，计算机技术大大促进了生产自动化，使生产力得到了进一步提高；第四次产业革命，则是在 21 世纪发展起来的，是以区块链、物联网、大数据、机器人及人工智能为代表的数字化技术所驱动的划时代的社会生产方式变革。

第四次产业革命的核心是网络化、信息化与智能化的深度融合，其根本特征是智能化，这也是第四次产业革命的时代特征⊖。在第四次产业革命中，社会

⊖　Klaus. Schwab. The Fourth Industrial Revolution［M］. London：Penguin Group, 2013.

生产方式将发生深刻变化。**一是产品生产方式从大规模制造向大规模定制转变。**以人工智能为基础的自动化设备以及连接企业内外自动化设备和管理系统的物联网，能够使研发、生产以及销售过程更加迅捷、灵活和高效。简单地说，消费者的需求会更及时地传递到工厂，而工厂也会更灵活地切换生产线以满足不同需求。原来的单一产品大规模制造方式将逐渐被大规模定制方式所取代。**二是推动增值领域从制造环节向服务环节拓展。**在大数据、人工智能、云计算等技术的推动下，数据解析、软件服务、系统整合能力将成为企业竞争力的关键与利润的主要来源。利用大数据研究客户或用户信息，能够为企业开拓新市场，创造更多价值。如通用电气公司原来是以制造为主的企业，但现在将业务领域拓展到技术、管理、维护等服务领域，这部分服务创造的产值已经超过公司总产值的三分之二。

总体来看，第四次产业革命将极大地提高生产力，推动产业结构与劳动力结构发生转变，进而改写人类的发展进程。每一次产业革命的发生，都会使世界各国/地区的竞争地位发生变化，一些国家/地区崛起并成为某些领域甚至世界经济的主导者。这次的产业革命也和以往一样，必将引起经济格局的变化。谁抓住了机遇，以最快的速度实现超越行业、企业边界的"智能连接"，谁就能率先进入大规模定制生产时代；谁有效地应用了大数据和智能设备，谁就能在价值链中占据优势；谁顺利地完成了劳动力转型，谁就能使国民收入快速增长。从这个意义上说，第四次产业革命及在其推动下开启的"智能时代"，不仅会重塑未来经济格局，还会改变国家竞争格局。

2018 年 11 月 30 日，国家主席习近平在二十国集团领导人第十三次峰会第一阶段会议发言，题目为《登高望远，牢牢把握世界经济正确方向》。他在发言中提到："世界经济数字化转型是大势所趋，新的工业革命将深刻重塑人类社会。我们既要鼓励创新，促进数字经济和实体经济深度融合，也要关注新技术应用带来的风险挑战，加强制度和法律体系建设，重视教育和就业培训。我们既要立足自身发展，充分发掘创新潜力，也要敞开大门，鼓励新技术、新知识传播，让创新造福更多国家和人民。"

《中华人民共和国国民经济和社会发展第十四个五年规划和 2035 年远景目标纲要》（以下简称"十四五"规划）于 2021 年 3 月 11 日经十三届全国人大四次会议表决通过。"十四五"规划提出加快建设数字经济、数字社会、数字政府，以数字化转型整体驱动生产方式、生活方式和治理方式变革。在新发展理念的引领下，数字中国建设用数字力量打通"双循环"的"任督二脉"，开启更多领域的"数字大门"，拥抱"数字循环"新模式，走出具有我国特色的数字化之路，奔向数字经济新时代。

1.1.2　服务型社会转型已经来临

随着产业规模及结构升级，各种生产要素包括资本、技术、劳动力等必然要从农业流向工业，进而再向服务业转移。而当服务业扩大到一定的规模和程度，即一国的服务业在国民生产总值（GNP）中的产值和就业人口中的比例均超过 50% 并不断增加，就表明该国进入了经济服务化阶段。[一]2012 年服务业成为我国经济中的第一大产业。2015 年，服务业在我国经济总量中的比重首次超过50%，标志着我国进入了经济服务化阶段，也称为服务型经济时代。经济服务化趋势表现为以下三方面的特征：

首先是产业结构服务化，表现为服务产业的大规模发展引致产业结构的转变，服务产业在经济体系中的地位不断上升并成为产业结构的主体。

其次是生产型产业的服务化，表现为农业、工业等生产型产业（非服务性

[一] 江小涓，等. 网络时代的服务型经济：中国迈进发展新阶段 [M]. 北京：中国社会科学出版社，2018.

产业）内部服务性活动的发展与重要性增加，从而改变了这些产业的单纯生产特点，形成"生产—服务型"体系，反映了服务活动在经济领域的广泛渗透。

最后是服务型经济的形成。经济服务化发展的结果，是形成以服务活动主导经济活动类型的服务型经济。服务型经济与产品型经济的区别在于四个方面：一是，服务型经济的主要经济部门是提供各种服务的部门，而非制造和加工产品的部门；二是，服务型经济的主要产品是大规模的服务，而非大规模的商品；三是，服务型经济中大部分劳动力集中在服务部门，而非制造和加工部门；四是，服务型经济的大部分产值由服务性行业而非商品生产部门创造。这四个方面的区别揭示了服务活动在服务型经济中的主体地位。事实上，服务活动在服务型经济中具有主导性的、广泛的经济社会功能，**服务业已经成为经济增长的引擎，成为推动传统产业的新发展并引致产业体系的整体升级的重要动力。**

根据国际经验来看，到了以服务业为主的时候是一个经济增长速度下行的阶段。与先行国家相比，我们是在网络与数字时代迈进这个阶段的。第四次产业革命改变了服务业的本质：服务业的低效率性质发生改变，增长空间极大扩张，新的服务形态和商业模式丰富多样。清华大学公共管理学院院长江小涓教授领导的团队撰写的《网络时代的服务型经济：中国迈进发展新阶段》⊖，对这个问题进行了深入研究。

所谓服务型社会⊖，是指所有部门或行业，所有生产或消费的运行、管理与经营等均在服务的标准下，以服务为理念、以服务为手段、以服务为形式、以服务为目的方能取得成功的这样一种社会类型。这种社会类型要求任何一个行为主体必须要以服务为理念进行经济社会行动，他们为社会或客户提供劳务品

⊖ 江小涓，等. 网络时代的服务型经济：中国迈进发展新阶段 [M]. 北京：中国社会科学出版社，2018.

⊖ 孙希有. 服务型社会的来临 [M]. 北京：中国社会科学出版社，2010.

的支撑形式是服务，任何一个行为主体为社会或客户提供劳务品的工作方式是服务，任何一个行为主体为社会或客户提供劳务品的评价尺度也是服务，任何一个行为主体为社会或客户提供劳务品的成功关键还是服务。在这里，服务成为衡量当代社会的运行标准，服务贯穿于整个社会运行之中。

1.1.3　数字化技术发展的现状与趋势

第四次产业革命正在引领基于数据智能的产业和社会应用。一个基于数据运营的平行经济正在开始形成，与人类主导的经济活动相互补充，极大地丰富了人类社会经济内容与构成。以提出收益递增现代理论著称的经济学家布赖恩·阿瑟（W. Brian Arthur）曾提出一个模型来描述这种现象，并称之为"自主经济（the autonomy economy）"。

数据智能的实现需要通过如下步骤：

① 收集数据；

② 利用前面的数据作为参考来处理数据；

③ 基于提炼的数据采取行动；

④ 接收反馈数据，从结果中学习，然后全部保存进记忆中。

这个过程是一个持续收集数据、处理数据、采取行动，然后接收反馈的循环，这一过程经历越多就会变得越智能。这其中的两个关键基础要素是尽可能多地接触数据，以及形成无懈可击的模式识别技能。

如果用技术复制数据智能并将其开发成数字化商品卖给开放市场的话，那就得采用相同的模式。利用物联网（IoT）、数据智能（AI/Big Data）、区块链（DLT/Blockchain）、云计算（Cloud Computing）等技术的发展，自主经济和我们的距离比大多数人所想得都要更近。

1. 物联网（IoT）

数据的大规模制造是数字时代的主要衍生品，这已经成为一种普遍认知，以至于大家开始说"数据是新的石油"。当前收集到的大部分数据都是通过应用（App）获取的，如百度通过搜索结果收集数据，微信通过用户的社交档案收集数据，淘宝基于用户的消费习惯收集数据。公司的基本做法是提供应用给消费者使用，然后基于他们在应用上的活动收集数据。

然而，要想通过数据掌握迅速决策能力，必须接触到实时数据。这得益于传感器技术的一些重大创新，比如测量温度、位置、速度、加速度、深度、压力、血液成分、空气质量、颜色，扫描照片，扫描语音，生物计量、电子及磁场的传感器等，可以从人所处的环境里及机器内，甚至从人体获得实时数据。因此，物联网其实是人类感官的数字形式。

2. 数据智能（AI/Big Data）

数据是智能的"燃料"，人工智能则是吸收数据的"引擎"，将数据与之前的数据进行交叉引用，按照分类做整理，再做出判断，在现实世界触发行动。人工智能方面最近的进展来自用于深度学习的神经网络。人工神经网络的计算模型灵感正是来自生物神经网络，人工神经网络通常呈现为按照一定的层次结构连接起来的"神经元"，是一组可以根据输入的计算值，进行分布式并行信息处理的算法数学模型。这种网络依靠系统的复杂程度，通过调整内部大量节点之间相互连接的关系，以达到处理信息的目的。人工神经网络可以最大化拟合现实中的实际数据，提高机器学习预测的精度。深度学习则是一种分层的神经网络，某个问题的答案会影响更深层次的相关问题，直到数据被正确地识别出来。

得益于丰富的数据和智能算法，智能计算的商品化已具备可能性。

3. 区块链（DLT/Blockchain）

人类智能的协作性很强，这意味着社会性的知识库是人类智能与其他智能互动的结果。两个智能系统之间的障碍阻碍了发展速度，因为它抑制了连接的建立。连接越多，智能系统就会变得越发智能。为了让社会的连接最大化，所有系统都需要能够方便地彼此交互，从而让数据和价值在社会上自由流动。

区块链技术作为数据确权与共享的基础设施，能让任何系统接收数据信息并发送数据信息给其他系统，并且提供不可抵赖的、安全的、实时操作的数据传输，在必要时可以提供保密选项。

4. 云计算（Cloud Computing）

《国务院关于促进云计算创新发展培育信息产业新业态的意见》（国发〔2015〕5 号文）指出，要"充分发挥云计算对数据资源的集聚作用，实现数据资源的融合共享，推动大数据挖掘、分析、应用和服务"。政务云建设进入一个新的阶段，称为"政务云 2.0 阶段"。在政务云 2.0 阶段，在 IaaS（基础设施即服务）⊖基础设施资源整合与共享的基础上，将会实现 IaaS/PaaS（平台即服务）⊜深度融合，借助云计算技术推动政府大数据的开发与利用，实现跨系统的信息共享与业务协同，推进应用创新。政务云 2.0 阶段的特征是以数据为核心、以 IaaS/PaaS 深度融合为支撑，以新架构的云应用创新（SaaS）为代表。

第四次产业革命是物联网、数据智能（包括大数据、人工智能）、区块链和

⊖　一种把 IT 基础设施作为服务的模式，通过网络对外提供服务，根据用户对资源的实际使用量或占用量进行计费。

⊜　一种把服务器平台作为服务提供的商业模式，通过网络提供程序。

云计算的革命。第四次产业革命带来的自动化和数字化将改变每一个行业。在上述数字化技术中，区块链可实现可信任的数据协同，成为第四次产业革命的技术核心。**新时代的任何应用创新都将是所有数字化技术的有机融合**（见图1-1）。

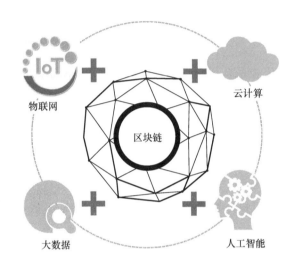

图 1-1　新时代应用将是数字化技术的有机融合

1）区块链 + 物联网：物联网有助于解决区块链信息上链的真实性问题，尽量免除人为干扰；基于区块链的分布式物联网结构可以实现大量设备联网的自我治理，可避免中心化管理模式下因不断增长的联网设备数量带来的基础设施建设和维护的巨额投入，释放物联网组织结构的更多可能性。

2）区块链 + 云计算：将区块链场景应用嵌入云计算的生态环境中，为企业应用区块链提供基础条件，降低企业应用本地化部署的成本，实现区块链技术落地；区块链有助于解决云计算架构中数据主权化管理问题。

3）区块链 + 大数据：区块链融入大数据的采集和确权、分享中，作为数据源接入大数据分析平台，提高数据整合效率，降低数据维护成本，保障数据私密性，优化数据的分析挖掘能力；大数据及其分析结果天然可以作为区块链上的数字资产。

4）区块链 + 人工智能：人工智能的生物识别功能可以帮助区块链建立更真实的数字身份认证，机器人等人工智能产品也将成为区块链上的账户主体和数据来源；区块链通过授权机制可以实现个性化的人工智能产品，服务于不同人群。

1.2　数字化改革的指导思想与方法论

1.2.1　第四次产业革命与数字化改革

第四次产业革命重新定义了新时代的经济运行与生产方式。在新时代，**数据是生产资料，计算是生产力，区块链是生产关系**⊖，**基于数据的人工智能是重要的生产工具。**

当下，我国进入新发展阶段，改革到了一个新的关头。党的十九届四中全会审议通过的《中共中央关于坚持和完善中国特色社会主义制度　推进国家治理体系和治理能力现代化若干重大问题的决定》指出，"坚持和完善中国特色社会主义制度、推进国家治理体系和治理能力现代化，是全党的一项重大战略任务。"国家治理体系和治理能力现代化将真正使我国走入减少"人治色彩"的轨道，使治理国家变得更加规范科学、透明高效，这是实现"中国梦"的关键，标志着我国现代化建设由此进入了一个新的历史阶段。

数字化改革是第四次产业革命在推进国家治理体系和治理能力现代化方面的具体体现。国家治理体系和治理能力现代化是全面深化改革的总目标，也是数字化改革的明确指向。数字化改革的核心要义是运用数字化技术、数字化思

⊖ 区块链技术实现了数据这一生产要素的确权，从这个角度来说，区块链技术协助定义了生产关系。

维、数字化认知对国家治理的体制机制、组织架构、方式流程、手段工具进行全方位、系统性重塑，是高效构建治理新平台、新机制、新模式的过程。数字化改革的意义不仅仅在具体的场景应用上，更在于推动生产方式、生活方式、治理方式发生根本性、全局性、长期性的改变。

数字化改革将会贯穿国家治理全过程，覆盖经济、政治、文化、社会、生态文明和党的建设等各方面，加快治理理念、治理机制、治理工具、治理手段、治理方法全方位、系统性、重塑性变革，推动各地各部门数字赋能、整体智治、流程再造、高效协同，着力构建"全链智造"的"数智经济"、"整体智治"的"数智治理"、"多维智慧"的"数智生活"、"高能智源"的"数智生态"、"双向智通"的"数智枢纽"，实现国家治理的科学化、精准化、协同化、高效化、现代化。

1.2.2 国内数字化改革的指导思想

数字化改革是一场革命，是系统性制度重塑，是通过数字化改革"倒逼"体制机制的变革。

在总的指导思想上，数字化改革要坚持以人民为中心，推动数字技术体系与国家治理体系实现有机融合。⊖

第一，强调以人民为中心，将为数字化改革"赋魂"。坚持以人民为中心，是中国共产党和中国特色社会主义长期坚守和践行的发展思想，是在现代化建设过程中国家治理和城市治理所遵循的重要原则。在数字时代，国家治理体系的制度性和组织性内容是以数字技术体系为支撑的，其放大效应和复杂程度都是过去所不能比拟的。

⊖ 郑长忠. 城市治理数字化转型要坚持以人民为中心. 国家治理周刊, 2021 (17): 2-5 [2021-05-08]. http://www.rmlt.com.cn/2021/0508/613417.shtml.

第二，强调以人民为中心，将为数字化改革"强基"。数字化改革从技术和生产力角度推动国家治理形态新发展，在价值和生产关系上，能否坚持以人民为中心的理念，决定着新型国家治理形态的性质。坚持以人民为中心，使人民融入并主导城市治理体系，对建设数字时代的人民城市来说，具有根本性和基础性的历史意义。

第三，强调以人民为中心，将为数字化改革"健体"。数字化改革能否坚持以人民为中心，将关系到未来数字化发展过程中能否切实满足人民的需求以及有效调动人民的积极性，决定着数字化发展的可持续性以及国民经济和社会发展的健康性，从而影响着社会的全面进步和人的全面发展。

在数字化改革过程中，为了使坚持以人民为中心的指导思想得到切实落实，就必须预防三种倾向：

第一，预防技术中心主义倾向。基于数字技术的应用往往更加精准化、精细化，再加上技术设计上的高门槛性，很容易使人们陷入过分依赖技术及单纯依靠技术人员的误区。因此，要在充分重视和运用技术以及充分尊重技术人员的基础上，克服技术中心主义的倾向，鼓励和引导相关主体积极参与数字化改革工作。

第二，预防资本中心主义倾向。在市场经济背景下，企业是推动数字技术发展和应用的主体力量，是参与推动数字化改革的重要角色。但我们也必须看到，企业是以盈利为主要目的的，这就需要处理好企业发展的资本逻辑和城市治理的公共逻辑之间的关系，切实保证以人民为中心的核心理念的实现。

第三，预防国家中心主义倾向。政府管理仅仅是城市治理的重要组成部分，还需要在党的领导下，实现政府、社会和市场等多元主体的共同参与。同时，在数字化改革中，相关法律和规则都将产生重大创新和发展，这就要求坚持以人民为中心的理念必须贯穿于这些法律和规则的全过程。

在数字化改革的具体推行过程中，需要立足新发展阶段、贯彻新发展理念、构建新发展格局，主要体现在三个层面：⊖

一是内涵的拓展和升级，从数字赋能到制度重塑，使经济社会的运转以及治理建立在网络化、信息化、智能化的基础上，这是从技术理性向制度理性的新跨越。

二是领域的拓展和升级，从以政府数字化转型为引领的重点突破，向以党政机关整体智治为引领，撬动全方位、全过程、全领域的数字化改革跨越，使数字空间成为重塑物理空间与社会空间的新载体。

三是价值的拓展和升级，从适应数字化浪潮，推动信息技术的逐渐渗透、广泛运用和充分融合，到树立数字意识和思维、培养数字能力和方法、构建数字治理体系和机制，主动引领全球数字变革的跨越，打开价值创造新空间。

由此可见，数字化改革是围绕国家治理体系和治理能力现代化的目标，统筹运用数字化技术、数字化思维、数字化认知，使数字化、一体化、现代化贯穿国家经济、政治、文化、社会、生态文明建设的全过程及各方面，是对国家治理的体制机制、组织架构、方式流程、手段工具进行全方位、系统性重塑的过程，从整体上推动国家经济社会发展和治理能力的质量变革、效率变革、动力变革。

1.2.3 数字化改革的方法论与实践

推进数字化改革，必须坚持重点突破和集成突破、全面提升和整体提升的

⊖ 袁家军，全面推进数字化改革 努力打造"重要窗口"重大标志性成果 [J]. 政策瞭望，2021 (3)：4-8.

有机统一，找准纲举目张、以纲带目的关键抓手，推动重要领域和关键环节改革取得实质性突破，从而最大限度发挥数字化改革的牵引作用、乘数效应。

社会系统是一个开放复杂巨系统，包含若干个分系统、子系统。数字化改革的过程，就是解决这个开放复杂巨系统问题的过程。**推进数字化改革，必须坚持系统观念，用好系统方法，牢固树立"分析、综合、迭代"的逻辑思维，按照"分析综合—放大细节—迭代深化—解决问题—整体优化—实现目标"**的路径，逐步实现子系统、分系统的支撑性目标，进而实现总目标。

本书试图总结不同地方的具体实践经验来为数字化改革这一新事物的方法论提供参考，下面以国内推行数字化改革的"先锋省份"浙江和广东为例，介绍数字化改革的具体实践。

1. 浙江：顶层规划与基层 "揭榜挂帅" 制度相结合

在顶层规划方面，2021 年 3 月 1 日，中共浙江省委全面深化改革委员会印发《浙江省数字化改革总体方案》（浙委改发〔2021〕2 号），该方案对浙江省数字化改革的指导思想、改革重点、方法路径、主要目标，以及核心指标进行总体规划，并制定了党政机关整体智治、数字政府、数字经济、数字社会、数字法治、一体化智能化公共数据平台等系统的整体建设方案，以及全省数字化改革作战图。

具体而言，浙江省数字化改革在顶层规划上构建了"152"工作体系，确保全省数字化标准的一致性，防止在数字化改革过程中各自为政、重复建设，以及出现新的数据孤岛。

"1"即一体化智能化公共数据平台（"平台＋大脑"）。在政府数字化转型特别是杭州等地城市大脑探索的基础上，迭代升级原有的公共数据平台，打造一体化智能化公共数据平台。按照"统一规划、统一支撑、统一架构、统一平台、统一标准、统一建设、统一管理、统一运维"的要求，省市县三级都要形成"平台＋大脑"的体制，采用一体化数据目录，利用公共应用支撑组件，对数据和信息进行智能分析、研判评价，推动科学决策和高效执行，打造智慧化平台中枢，支撑各级各系统应用创新。总体架构是"四横四纵两门户"。"四横"即基础设施体系、数据资源体系、应用支撑体系和业务应用体系；"四纵"即政策制度体系、标准规范体系、组织保障体系和网络安全体系；"两门户"即"浙里办""浙政钉"。

"5"即五个综合应用。党政机关整体智治综合应用、数字政府综合应用、数字经济综合应用、数字社会综合应用和数字法治综合应用。这五个综合应用相互关联、相互作用，共同构成了数字化改革的整体。其中，党政机关整体智治综合应用处于中枢地位，具有统领性、基础性，其余四个综合应用既相对独立，又相互贯通，共同构成一个功能互补、统一衔接的有机整体。

党政机关整体智治综合应用，是通过政务网络连接各级各部门，构建形成全局"一屏掌控"、政令"一键智达"、执行"一贯到底"、服务"一网通办"、监督"一览无余"的数字化协同工作场景。

数字政府综合应用，是以"浙里办""浙政钉"为基础平台，集成整合政府各部门各层级应用程序，迭代形成的综合应用。

数字经济综合应用，是以"产业大脑＋未来工厂"为核心业务场景，围绕科技创新和产业创新双联动，以工业领域为突破口，兼顾科技创新、数字贸易等领域应用，以数据供应链为纽带，推动全要素、全产业链、全价值链全面连接，实现经济高质量发展。

数字社会综合应用，是以"城市大脑＋未来社区"为核心业务场景，着重围绕解决城市治理、百姓生活中的突出问题，打通"城市大脑"和"未来社区"，进行精准分析、整体研判、智慧决策、协同指挥，推动社会可持续发展。

数字法治综合应用，是综合集成科学立法、严格执法、公正司法、全民守法等社会主义法治要素，构建一体化法治浙江、平安浙江工作体系，同步推进理论体系和制度体系建设，全面提升法治建设智慧化水平。

"2"即构建两套体系。一套理论体系，即发挥理论先导作用，全面加强数字化改革的理论研究，着力构建数字化改革的内涵、目标、思路、举措、项目等完整理论体系，推动改革实践上升为理论成果；另一套制度规范体系，即全面构建一整套与党政机关整体智治、数字政府、数字经济、数字社会、数字法治综合应用相适应的体制机制和工作规范，推动改革实践固化为制度成果，在条件成熟时形成法律法规。

在数字化改革的落地执行层面，浙江省强化了基层"揭榜挂帅"制度。建立改革破题"悬赏制"，设立改革突破奖，完善改革容错纠错机制，鼓励基础好、积极性高的市县和部门揭榜挂帅、先行先试，发挥特色优势，开发创新应用，及时总结提炼经验，在全省层面上复制推广。建立健全考核评估体系，将数字化改革纳入目标责任制考核，实行赛马机制和定期督查机制，量化目标、明确要求、跑表计时、到点验收，两个月做一般性评估，年底做总盘点。加大数字化改革在干部实绩考核中的权重，推动形成能者上、优者奖、庸者下、劣者汰的正确导向，让想干事、能干事、会干事的人干成事。

基层"揭榜挂帅"制度真正体现了浙江数字化改革以人民为中心的发展思想。正如浙江省委书记袁家军指出，多跨场景⊖应用是数字化改革牵一发动全身的重要抓手。政府基层是直接服务人民、理解人民、关心人民的人群。政府基

⊖　这里是指跨部门、多场景。

层提出的数字化场景应用更具生命力。"揭榜挂帅"制度以多跨场景综合分析为关键，以改革破题、打破瓶颈为核心，以数字化为手段，推动数字化改革走深、走实。按照"大场景、小切口"的思路，急用先行，将会拿出一些看得见、摸得着的成果，解决实际问题，提升老百姓的获得感。

2. 广东：建立全省范围内的"首席数据官"制度

广东省人民政府办公厅于2021年3月25日印发《广东省数字政府改革建设2021年工作要点》（粤办函〔2021〕44号），启动了广东省政府层面的数字化改革；2021年4月23日，广东省人民政府办公厅印发《广东省首席数据官制度试点工作方案》（粤办函〔2021〕63号），推动实施首席数据官制度，加快推进全省数据要素市场化配置改革，完善政务数据共享协调机制。

首席数据官的职责包括：

1）推进数字政府建设。组织落实省、市数字政府改革建设工作领导小组的决定事项、部署任务；组织制订本级政府或本部门数字政府发展规划、标准规范和实施计划。

2）统筹数据管理和融合创新。组织制订数据治理工作的中长期发展规划及相关制度规范；统筹管理数据普查登记、规范采集、加工处理、标准规范执行、质量管理、安全管控、绩效评估等工作；统筹协调内外部数据需求，统筹推进数据共享开放和开发利用工作，推动公共数据与社会数据深度融合和应用场景创新，积极推进重点领域应用场景落地实施。

3）实施常态化指导监督。协调解决本级政府或本部门信息化项目建设中的重大问题。对信息化项目的立项、验收工作拥有"一票否决权"。对数据治理运营、信息化建设等执行情况进行监督，及时发现、制止及纠正违反有关法律法规、方针政策和可能造成重大损失的行为。

4）加强人才队伍建设。试点市、县（市、区）政府首席数据官负责推动本级数据运营机构建设，组织开展本级数据技能与安全培训工作。试点部门首席数据官负责推进本部门数据治理及运营团队建设，并组织开展本部门全员数据技能与安全培训。

以数据要素为核心、以首席数据官为枢纽推进数字化改革，是广东数字化改革的创新实践。本书在"2.3 数据交易中心在数字化改革中的作用"一节也提出了一种利用数据要素交易中心推进数字化改革的方案，供参考。

1.3　数字化改革的目标

1.3.1　探索科技赋能的社会治理新生态

社会治理（Social Governance）是指政府、社会组织、企事业单位、社区以及个人等多种主体通过平等的合作、对话、协商、沟通等方式，依法对社会事务、社会组织和社会生活进行引导和规范，最终实现公共利益最大化的过程。

社会治理理念随着整个国家发展所处的历史阶段和现代化的进程，不断与时俱进，经历了从社会管控到社会管理，再到社会治理的两次历史性飞跃。改革开放之后，随着社会经济日趋活跃和各种矛盾增多，国家管控理念被社会管理理念所替代。为适应建设社会主义和谐社会和现代化发展的要求，又将社会管理转变为社会治理。从管理到治理虽然只有一字之差，却体现了社会治理的目的、主体、内容、方式进一步向社会治理现代化的要求转变，进一步向民主化、法治化、制度化、科学化的轨道转变。

治理理论的兴起，绝非人为制造出的新口号，而是各国政府对经济、政治以及意识形态变化所作出的理论和实践上的回应。在此背景下，以埃莉诺·奥斯特罗姆（Elinor Ostrom）为代表的制度分析学派提出了多中心治理理论。具体地说，单中心意味着政府作为唯一的主体对社会公共事务进行排他性管理，多中心则意味着在社会公共事务的管理过程中，并非只有政府一个主体，而是存在着包括中央政府单位、地方政府单位、政府派生实体、非政府组织、私人机构以及公民个人在内的许多决策中心，它们在一定的规则约束下，以多种形式共同行使主体性权力。这种主体多元、方式多样的公共事务管理体制就是多中心体制。

多中心治理结构要求在公共事务领域中，国家和社会、政府和市场、政府和公民共同参与，结成合作、协商和伙伴关系，形成一个上下互动，至少是双向度的，也可能是多维度的管理过程。在国家公共事务、社会公共事务甚至政府部门内部事务的管理上，借助于多方力量共同承担责任，其中既有对事务的管理，也有对人和组织的管理；既有对眼前事务的管理，也有对长远事务的管理。其特别之处在于用一种新的角度思考什么样的管理方式可以实现公共利益的最大化。

社会治理是一种公共理想的社会和经济效果的治理模式。社会治理是一系列的价值、政策和制度，通过这些，一个社会可以管理它的经济、政治和社会进程。社会治理是一个国家开发经济和社会资源的过程中实施管理的方式，它同时也是制定和实施决策的过程。社会治理还被界定为限制和激励个人和组织的规则、制度和实践的框架。所以，治理不仅仅局限于政府，也包括多元角色的互动。

"理性经济人"的社会自我治理，在理论逻辑上，构成了社会治理理论的核心内容。在特定意义上可以认为，治理理论本质上是以"理性经济人"为基础的社会自我治理理论。如果说19世纪至20世纪的改革家们倡导建立最大限度的中央控制和高效率的组织机构的话，那么21世纪的改革家们则将今天的创新视为一个以公民为中心的社会治理的复兴实验过程⊖。

数字化改革的作用是将区域试验的成果通过数字化手段形成可大范围推广复制的系统，因此数字化改革将推动社会治理能力现代化，在更广范围、更多领域加速从宏观走向微观、从经验走向科学、从局部走向整体，实现社会治理从低效到高效、从被动到主动的深刻转变，建设人人有责、人人尽责、人人享有的社会治理共同体，探索构建数字化时代的社会形态。

1.3.2 打造未来经济社会发展的新动能

当前，我国经济也正在面临着巨大的转型压力。伴随着传统增长红利的逐步衰减，如何找到支撑未来我国经济增长的"新动能"是必须破题的重大任务。这在逆全球化趋势持续加剧、新冠肺炎疫情导致全球经济衰退的背景下，显得尤为迫切。

数字经济是继农业经济、工业经济之后人类社会发展的一个新的历史阶段。从要素构成看，"数据"脱颖而出，超越传统的土地、劳动力、资本要素等上升为极其重要的生产要素，日益成为经济发展的新动能。从国际上看，世界各国对数字资源的依赖程度不断加深，国家竞争焦点迅速从资本、劳动力转向争夺和攫取数据和计算资源。

数字生产力革命正在世界范围内推动社会生产方式向数字化转型，对整个经济体系产生渗透和重构。2020 年，我国数字经济蓬勃发展，在国民经济中的地位更加突出。远程办公、在线医疗、数字文娱等新模式、新业态发展动能充分释放，成为支撑经济稳定发展的新增长点。据测算，2020 年上半年我国数字经济规模为 17.5 万亿元，占 GDP（国内生产总值）比重为 38.3%，同比增

⊖ 博克斯. 公民治理：引领 21 世纪的美国社区 [M]. 孙柏瑛，等译. 北京：中国人民大学出版社，2013.

长 6.7%。

数字化改革将在三个方面进一步打造未来经济社会发展的新动能。

第一，数据作为一种新的生产要素，基于数据资产形成的新模式、新业态、新市场、新领域、新技术的变革与发展，必将推动数字经济在各个领域的发展，这本身就是对于 GDP、就业、税收等一系列经济发展目标的推进。例如，基于大数据要素衍生的一些大数据产业、数字产业、数字媒体、人工智能、在线教育、在线医疗、网络支付、网络交易等，都是基于数据要素而开发、开拓出的新产品、新领域、新市场，这些构成了重要的"新动能"支撑力。

第二，数字化改革推动传统行业的改造和革新，带动传统产业的"转型"、生产组织模式的转变、新价值的创造，从而带动"新动能"。在传统的产业划分中，数字经济可以同时帮助一产、二产、三产实现生产方式变革。在农业、畜牧业、渔业领域，以数据信息为基础的新型智能农业、畜牧业、渔业正在兴起，不仅改变了传统的落后耕作和养殖方式，还极大地降低了成本、提高了生产效率。在制造业领域，以数据资产为基础，结合人工智能等前沿技术，大批制造业企业正在实现信息化、数据化、智能化，极大地提升了生产效率和管理效率。在服务业领域，数据资产基础上的大数据、云计算使得服务的匹配效率、便捷性大幅提升。例如，基于大数据的金融科技服务对于金融配给效率的提升，在一定程度上破解了传统金融服务中的诸多难题。

第三，数字化改革从根本上推动经济社会各个方面制度的完善，实现全社会效率的提升，进而对"新动能"全面激发和推动。例如，数字政府建设从"跑多次办不成"到"最多跑一次"再到"一次都不用跑"，极大地提高了服务效率和人民满意度；基于数字化的社会治理，对于各类犯罪的预防和处理能力大大增强，人民安全感和幸福感越来越有保障。

1.3.3　塑造新结构经济学中的竞争优势

新结构经济学⊖是林毅夫教授及其合作者提出并倡导的研究经济发展、转型和运行的理论，其主张以历史唯物主义为指导，采用新古典经济学的方法，以一个经济体在每一个时点给定、随着时间可变的要素禀赋及其结构为切入点，来研究决定此经济体生产力水平的产业和技术以及交易费用的基础设施和制度安排等经济结构及其变迁的决定因素和影响。新结构经济学主张发展中国家或地区应从其自身要素禀赋结构出发，发展其具有比较优势的产业，在"有效市场"和"有为政府"的共同作用下，推动经济结构的转型升级和经济社会的发展。

新结构经济学的理论基础是不同发展程度的国家，在每个时点给定但随时间可以变化的要素禀赋及其结构与由其决定的比较优势不同，只有按照由要素禀赋结构决定的比较优势来选择产业，才能有最低的要素生产成本，如果再有合适的硬的基础设施和软的制度安排与之配套，交易成本就会很低，因而能够把比较优势变成竞争优势。

新结构经济学的分析方式与马克思主义唯物辩证法和历史唯物主义是一脉相承的。发展经济学要研究和解决的本质问题，就是如何能使一国的收入水平不断提高，增加财富，从而使民富国强。对此，新结构经济学的逻辑很清楚：要提高收入水平，必须提高产业技术水平。产业技术水平内生于要素禀赋结构，因此，要想从生产率水平低的劳动密集型产业或者资源密集型产业，进入收入和技术水平更高的资本或技术密集型产业，前提条件是改变要素禀赋，要从资

⊖　林毅夫，付才辉. 解读世界经济发展 [M]. 北京：高等教育出版社，2020.

源或劳动力比较多、资本相对短缺的状态，变成资本比较多、劳动力或资源比较少的禀赋状态。如此才能改变比较优势，进而改变产业结构，提升收入水平。同样的道理，要素禀赋结构和比较优势不断改变的同时，还必须相应地完善硬的基础设施和软的制度安排与之配套，从而降低交易成本，使要素成本优势最终变成总成本优势，形成国际竞争力。

国内政府主动引领的数字化改革，将推动生产关系适应数字化时代发展的规律和特点，充分发挥市场在资源配置中的决定性作用，更好地发挥政府作用，打破要素流动不畅、资源配置效率不高等制约高质量发展的瓶颈，为社会、市场、经济增添新动能、创造新价值，在更高层次、更高水平上释放生产力、解放生产力、激活生产力。数字化改革的深入进行，必将改变国内要素禀赋结构，降低国内市场的交易成本，改变国内的产业结构，塑造国内经济发展的新的比较竞争优势。

Chapter Two

第2章

数据要素化推进数字化改革

2.1 数据要素化时代已经到来

2.1.1 数据安全法与数据安全管理办法

2021 年 6 月 10 日，十三届全国人大常委会第二十九次会议通过了《中华人民共和国数据安全法》（以下简称《数据安全法》）。这部法律是数据领域的基础性法律，也是国家安全领域的重要法律，于 2021 年 9 月 1 日起施行。数据是国家基础性战略资源，没有数据安全就没有国家安全。数据安全法贯彻落实总体国家安全观，聚焦数据安全领域的风险隐患，加强国家数据安全工作的统筹协调，确立数据分级分类管理以及风险评估，检测预警和应急处置等数据安全管理各项基本制度；明确开展数据活动的组织、个人的数据安全保护义务，落实数据安全保护责任；坚持安全与发展并重，锁定支持促进数据安全与发展的措施；建立保障政务数据安全和推动政务数据开放的制度措施。

2019 年 5 月 28 日，国家互联网信息办公室曾发布《数据安全管理办法（征求意见稿）》（以下简称《管理办法》）。《管理办法》声明国家坚持保障数据安全与发展并重，鼓励研发数据安全保护技术，积极推进数据资源开发利用，保障数据依法有序、自由流动。

《管理办法》重点内容如下：

1）明确监管主体，施行备案制管理

根据《管理办法》，在中华人民共和国境内利用网络开展数据收集、存储、传输、处理、使用等活动，以及数据安全的保护和监督管理均在此办法的监管范围内。

《管理办法》又进一步明确了统一监管主体，即国家网信部门统筹协调、指导监督个人信息和重要数据的安全保护工作，地（市）及以上网信部门依据职责指导监督本行政区内个人信息和重要数据的安全保护工作。

在监管方式上，《管理办法》指出，网络运营者以经营为目的收集重要数据或个人敏感信息的，应向所在地网信部门备案。备案内容包括收集使用规则，收集使用的目的、规模、方式、范围、类型、期限等。

2）建立个人信息收集使用规则，提出安全责任人制度

根据《管理办法》，网络运营者只要收集使用个人信息，应分别制定并公开收集使用规则，收集使用规则可以包含在隐私政策中，也可以以其他形式提供给用户，并规定仅当用户知悉收集使用规则并明确同意后，网络运营者方可收集个人信息。

从收集使用规则的内容来看，增加了对数据安全责任人的要求，并提到了应分别制定并公开收集使用规则。根据《管理办法》，网络运营者以经营为目的收集重要数据或个人敏感信息的，应当明确数据安全责任人，并规定了安全责任人的具体要求和职责。

3）约束默认授权、功能捆绑相关行为，要求停止"定推"后删除用户数据

《管理办法》规定网络运营者不得以改善服务质量、提升用户体验、定向推送信息、研发新产品等为由，以默认授权、功能捆绑等形式强迫、误导个人信息主体同意其收集个人信息。

同时还对"定向推送"做出了明确规定，要求网络运营者利用用户数据和算法推送新闻信息、商业广告等，应当以明显方式标明"定推"字样，为用户提供停止接收定向推送信息的功能；用户选择停止接收定向推送信息时，应当停止推送，并删除已经收集的设备识别码等用户数据和个人信息。

4）提出数据爬取要求，规定"合成"内容要求

《管理办法》对数据爬取和"合成"信息进行了首次规定。根据《管理办法》，网络运营者采取自动化手段访问收集网站数据，不得妨碍网站正常运行；此类行为严重影响网站运行，如自动化访问收集流量超过网站日均流量三分之一，网站要求停止自动化访问收集时，应当停止。

对于"合成"信息，则要求网络运营者利用大数据、人工智能等技术自动合成新闻、博文、帖子、评论等信息，应以明显方式标明"合成"字样；不得以谋取利益或损害他人利益为目的自动合成信息。

《管理办法》的出台，第一，可以有效遏制目前市场上多数从事数据活动的机构盗用、滥用数据的现象；第二，可以有效促成数据活动机构加强对数据采集规范的研究，并为最终形成社会统一的数据采集标准提供基础；第三，为一些从事存储、传输的技术研究机构提供了一定的市场空间；第四，为市场上从事数据活动的机构提供了一个相对公平、公开的竞争环境。

《管理办法》的出台和实施标志着数据的收集与使用，经过最初的野蛮发展之后，开始进入规范发展阶段。

2020年2月13日，中国人民银行发布的《个人金融信息保护技术规范》中明确规定了个人金融信息在收集、传输、存储、使用、删除、销毁等生命周期各环节的安全防护要求，并且明确了使用个人金融信息时应向个人金融信息主体告知共享、转让个人金融信息的目的、数据接收方的类型，并事先征得个人金融信息主体明示同意，共享、转让已经去标识化处理（不应仅使用加密技术）的个人金融信息，且确保数据接收方无法重新识别个人金融信息主体的除外。

同时，中国人民银行发布的《个人金融信息保护技术规范》对于因金融产品或服务的需要，将收集的个人金融信息委托给第三方机构（包含外包服务机构与外部合作机构）处理的情况，对第三方机构等受委托者要求：对委托处理的信息应采用去标识化（不应仅使用加密技术）等方式进行"脱敏"处理；应对委托行为进行个人金融信息安全影响评估，并确保受委托者具备足够的数据安全能力，且提供了足够的安全保护措施。

2.1.2　数据已经正式成为生产要素

党的十九届四中全会通过了《中共中央关于坚持和完善中国特色社会主义制度　推进国家治理体系和治理能力现代化若干重大问题的决定》，其中第六部分第（二）条提出"健全劳动、资本、土地、知识、技术、管理、**数据**等生产要素由市场评价贡献、按贡献决定报酬的机制。"这是七大生产要素概念的首次提出。

1. 数据生产要素化的意义与影响

"按要素贡献分配"是我国改革开放进程中的重大分配制度理论的进展，其理论的演化过程如图 2-1 所示：

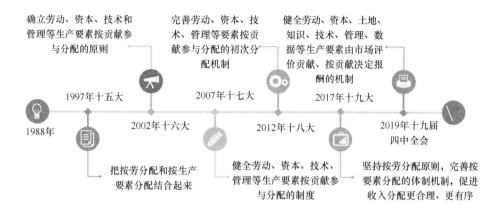

图 2-1　"按要素贡献分配" 提法的演化过程

1997 年，党的十五大提出了 "把按劳分配和按生产要素分配结合起来"，"允许和鼓励资本、技术等生产要素参与收益分配" ——"按生产要素分配" 这一概念被首次提出，并明确了 "技术" 是生产要素之一。

2002 年，党的十六大提出了 "确立劳动、资本、技术和管理等生产要素按贡献参与分配的原则" ——"按要素贡献分配" 这一概念被首次提出，强调了是按 "贡献" 分配而非按 "投入" 分配，并在生产要素中增加了 "管理"。

2007 年，党的十七大进一步提出了 "健全劳动、资本、技术、管理等生产要素按贡献参与分配的制度" ——完成了从 "确立原则" 到 "健全制度" 的变化。

2012 年，党的十八大提出 "完善劳动、资本、技术、管理等要素按贡献参与分配的初次分配机制" ——完成了从 "健全制度" 到 "完善制度" 的进阶。

2017 年，党的十九大提出 "坚持按劳分配原则，完善按要素分配的体制机制，促进收入分配更合理、更有序" ——再度强调了 "按要素分配" 和 "完善体制机制"。

2019 年，党的十九届四中全会提出"健全劳动、资本、土地、知识、技术、管理、数据等生产要素由市场评价贡献、按贡献决定报酬的机制"——生产要素由之前的劳动、资本、技术、管理"四项"变为"七项"，增加了土地、知识和数据，且对"按要素贡献分配"做了进一步的阐释："由市场评价贡献、按贡献决定报酬"，即对"贡献"的测度是"市场法"而非"成本法"，是看"产出"而非看"投入"，是看"功劳"而非看"苦劳"，凸显了"让市场在资源配置中发挥决定性作用"。

关于按要素贡献分配，其理论探讨虽然已经持续了数十年，但目前仍处在实践探索的初期，远未形成一种成熟的分配机制，原因就在于对各要素的贡献难以真正做到精准量化，只能粗略估算。理论探讨迟迟不能落地，急需新的革命性的突破。

数据成为生产要素对于"要素分配理论"具有重要意义。

一方面，在新的数字经济和数字社会时代，数据本身就是生产资料。谁占有数据，谁就能够基于数据提供衍生服务，创造价值，提高生产力；没有数据，即便空有算力和算法，也"巧妇难为无米之炊"。

另一方面，数据要素是对劳动、土地、资本、管理、技术、知识六大要素的数字化，能够随时记录任一要素发生的变化，应用大数据技术和相关算法作决策，通过改变六大要素的优化组合就能创造出更多的生产力。同时，有了实时的数据，就完全可以对任一要素的贡献进行精准计算，这样才能使"要素贡献理论"真正落地。

2. 数据确权是要素市场化的要求

市场经济要求生产要素商品化，以商品形式在市场上通过市场交易实现流动和配置，从而形成各种生产要素市场。市场在资源配置中起决定性作用，前提是要形成统一、开放、竞争、有序的市场体系。

数据作为时代与科技发展带来的最新的生产要素，在市场化方面具有先天的优势。但是，在数据进入市场之前，需要形成清晰界定所有、占有、支配、使用、收益、处置等产权权能的完整技术和制度安排。

数据确权是数据要素市场化的前提条件。数据确权是保障市场秩序的基础。各种类型的数据产权得到清晰界定、顺畅流转和严格保护，这是规范市场主体生产经营行为、优化资源配置、降低市场交易成本、形成良好市场秩序的重要保障。建立健全数据产权制度可以有效激发市场主体的活力和创造力，稳定社会预期，增强经济发展的持久动力。

2.2　基于区块链的隐私计算解决方案

隐私计算（Privacy-Preserving Computation），也称为隐私保护计算，是在保护数据隐私的前提下，实现数据流通和价值挖掘的技术体系。隐私计算是自《中华人民共和国数据安全法》出台后，满足数据安全和隐私要求使用数据的最新技术热点领域⊖。作为一种跨域数据融合与安全计算的工具，隐私计算承担了"架桥修路"的责任，为数据"流动"架起了桥梁和管道。隐私计算将成为未来全社会数字化领域不可或缺的基础设施。

2.2.1　隐私计算技术的发展现况

隐私计算技术主要有联邦学习、安全多方计算、同态加密、差分隐私、属

⊖ 因为是新技术热点，本节关于隐私计算的内容可能不易理解，在此只简单介绍，以便读者了解这一技术方向。

性基加密机制、可信执行环境等方向。不管是哪条技术路线，本质上都要满足数据隐私性的基本要求："可用不拥"⊖"不可还原"⊜"不可重标识"⊜。

1. 联邦学习（Federated Learning）

联邦学习，又名联邦机器学习（Federated machine learning）、联合学习、联盟学习。联邦学习是谷歌（Google）2016 年提出的一个机器学习框架⊠，能有效帮助多个机构在满足用户隐私保护、数据安全和政府法规的要求下，进行数据使用和机器学习建模。联邦学习作为分布式的机器学习范式，可以有效解决数据孤岛问题，让参与方在不共享数据的基础上联合建模，能从技术上打破数据孤岛，实现人工智能算法的协作。

微众银行 AI 团队从金融行业实践出发，关注跨机构、跨组织的大数据合作场景，首次提出"联邦迁移学习"的解决方案，将迁移学习和联邦学习结合起来。据杨强教授在"联邦学习研讨会"上介绍，联邦迁移学习让联邦学习更加通用化，可以在不同数据结构、不同机构间发挥作用，没有领域和算法限制，同时具有模型质量无损、保护隐私、确保数据安全的优势。

联邦学习定义了机器学习框架，在此框架下，通过设计虚拟模型解决不同数据拥有方在不交换数据的情况下进行协作的问题。虚拟模型是各方将数据聚合在一起的最优模型，各自区域依据模型为本地目标服务。联邦学习要求此建模结果应当无限接近传统模式，即将多个数据拥有方的数据汇聚到一处进行建模的结果。在联邦机制下，各参与者的身份和地位相同，可建立共享数据策略。

⊖ 可用不拥，是指数据使用方可以使用数据，但不能拥有数据。
⊜ 不可还原，是指数据使用方不能够基于数据的加密结果还原数据的本来面目。
⊜ 不可重标识，是指将个人数据通过脱敏技术隐藏后，不能通过其他技术重新将该数据与个人对应起来。
⊠ *Federated Learning: Collaborative Machine Learning without Centralized Training Data.*

由于数据不发生转移，因此不会泄露用户隐私或影响数据规范。

　　联邦学习有三大构成要素：数据源、联邦学习系统、用户。在联邦学习系统下，各个数据方进行数据预处理，共同建立学习模型，并将输出结果反馈给用户，流程示意图如图 2-2 所示。

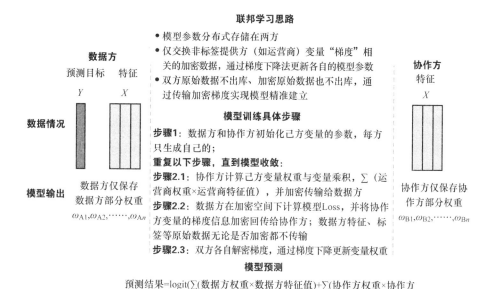

图 2-2　联邦学习流程示意图

　　经过上述处理，联邦学习可以保障在不暴露明文数据及不暴露潜在数据信息的情况下，完成模型训练任务。联邦学习是机器学习技术和多种隐私保护技术的有机结合，包括多方安全计算、差分隐私等。按照参与方之间的数据特点，联邦学习可以分为横向联邦学习、纵向联邦学习和联邦迁移学习。

(1) 横向联邦学习

　　在两个数据集的用户特征重叠较多而用户重叠较少的情况下，把数据集按照横向（即用户维度）切分，并取出双方用户特征相同而用户不完全相同的那部分数据进行训练，这种方法叫横向联邦学习，如图 2-3 所示。

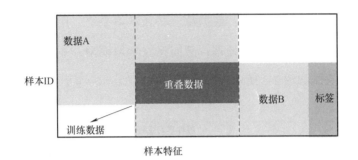

图 2-3　横向联邦学习示意图

比如业务相同但是分布在不同地区的两家企业，它们的用户群体分别来自各自所在的地区，相互的交集很小。但是，它们的业务很相似。因此，记录的用户特征是相同的。此时，就可以使用横向联邦学习来构建联合模型。

横向联邦学习中多方联合训练的方式与分布式机器学习（Distributed Machine Learning）有部分相似的地方。分布式机器学习涵盖多个方面，包括机器学习中的训练数据分布式存储、计算任务分布式运行、模型结果分布式发布等，参数服务器是分布式机器学习中一个典型的例子。参数服务器作为加速机器学习模型训练过程的一种工具，它将数据存储在分布式的工作节点上，通过一个中心式的调度节点调配数据分布和分配计算资源，以便更高效地获得最终的训练模型。对于联邦学习而言，首先，横向联邦学习中的工作节点代表的是模型训练的数据拥有方，其对本地的数据具有完全的自治权限，可以自主决定何时加入联邦学习进行建模。而在参数服务器中，中心节点始终占据着主导地位，因此联邦学习面对的是一个更复杂的学习环境。其次，联邦学习则强调模型训练过程中对数据拥有方的数据隐私保护，是一种应对数据隐私保护的有效措施，能够更好地应对未来愈加严格的数据隐私和数据安全监管环境。

（2）纵向联邦学习

在两个数据集的用户重叠较多而用户特征重叠较少的情况下，把数据集按照纵向（即特征维度）切分，并取出双方用户相同而用户特征不完全相同的那部分数据进行训练，这种方法叫纵向联邦学习，如图 2-4 所示。

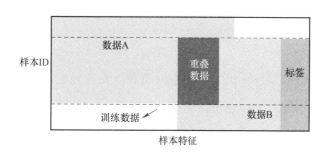

图 2-4 纵向联邦学习示意图

比如有两家不同的机构，一家是某地的银行，另一家是同一个地方的电商。它们的用户群体很有可能包含该地的大部分居民，因此用户的交集较大。但是，由于银行记录的都是用户的收支行为与信用评级，而电商则保有用户的浏览与购买历史，因此它们的用户特征交集较小。纵向联邦学习就是将这些不同特征在加密的状态下加以聚合，以增强模型能力的联邦学习。目前机器学习模型如逻辑回归、决策树等均是建立在纵向联邦学习系统框架之内的。

（3）联邦迁移学习

在两个数据集的用户与用户特征重叠都较少的情况下，不对数据进行切分，可以利用迁移学习来克服数据或标签不足的情况，这种方法叫联邦迁移学习，如图 2-5 所示。

比如有两家不同的机构，一家是位于中国的银行，另一家是位于美国的电商。由于受到地域限制，这两家机构的用户群体交集很小。同时，由于机构类

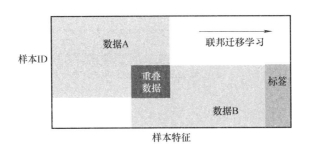

图2-5 联邦迁移学习示意图

型的不同，二者的数据特征也只有小部分重合。在这种情况下，要想进行有效的联邦学习，就必须引入迁移学习，来解决单边数据规模小和标签样本少的问题，从而提升模型的效果。

此外，在模型预测过程中，如果不对模型预测任务进行适当的限制，可能会导致模型参数或样本数据的泄露。所以，在模型实际应用过程中，需要对整体预测任务对模型的用法、对预测样本的用量进行控制，以避免在模型预测过程中泄露模型参数及样本数据。

综上，通过传递参数、对参数进行保护以及在预测过程中的控制，联邦学习可以满足各项法律法规对合规性的要求。

2. 安全多方计算（MPC）

安全多方计算（Secure Muti-party Computation，简称 MPC、SMC 或 SMPC）是密码学的重要分支，它通过一系列经过严格证明的密码学协议（如秘密共享、不经意传输等），实现了互不信任的多个参与方在不泄露自身原始数据的前提下，得到准确的计算结果。

清华大学姚期智教授于 1982 年提出了两方安全计算，之后戈德里克（Oded Goldreich）等人在 1987 年将两方安全计算发展到安全多方计算。简单来说，安全多方计算的原理是允许多个数据所有者在互不信任的情况下进行协同计算及输出计算结果，并保证参与计算的任何一方均无法得到除了应得的计算结果之外的其他任何信息。换句话说，MPC 技术可以获取数据使用价值，却不泄露原始数据内容。在最近几年，安全多方计算已经在区块链的各个数据应用领域里被广泛采用。MPC 技术框架图如图 2-6 所示。

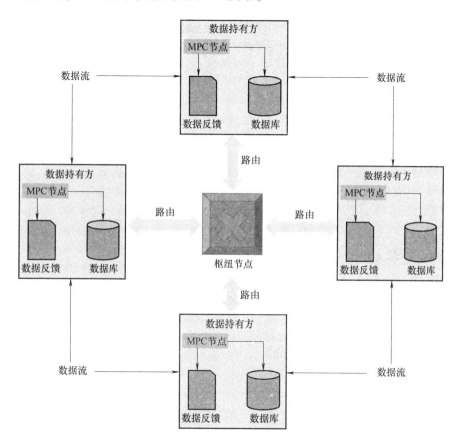

图 2-6　MPC 技术框架图

安全多方计算技术在数据处理过程中各处理者所能获取的信息都被限定在尽可能小的范围内，同时通过对这些信息进行加密，就能从技术上限定这些信息仅能被用于当前的处理目的。所以，安全多方计算技术天然地满足"可用不拥""不可还原""不可重标识"的合规性要求。

3. 同态加密（Homomorphic Encryption）

同态加密是基于数学难题的计算复杂性理论的密码学技术。对经过同态加密的数据进行处理得到一个输出，将这一输出进行解密，其结果与用同一方法处理未加密的原始数据得到的输出结果是一样的，从而实现数据的"可算不可见"，如图2-7所示。

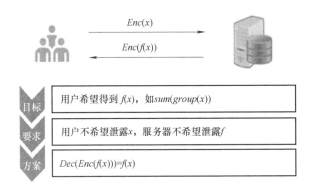

图 2-7　同态加密示意图

同态加密技术可以避免数据处理者接触明文数据，同样能够减少数据泄露的现实风险。

4. 差分隐私（Differential Privacy）

差分隐私是一种数学技术，被《麻省理工科技评论》（*MIT Technology Review*）评为2020年全球十大突破性技术之一。差分隐私通过对原始数据加入噪声，在损失部分数据精度的前提下保护数据隐私。差分隐私最早由辛西娅·德沃克（Cynthia Dwork）在2006年提出，是针对统计数据库的隐私泄露问题的一种隐私保护技术。在这个场景下，差分隐私能最大限度减少个体被识别的机会，同时有效控制对计算结果的影响。差分隐私不仅被应用到统计数据库安全领域，还被广泛应用于数据隐私发布与数据隐私挖掘中。

差分隐私有以下两个重要的优点：

● 差分隐私假设攻击者能够获得除目标记录以外的所有其他记录信息，这些信息的总和可以理解为攻击者能够掌握的最大背景知识，在这个强大的假设下，差分隐私保护无须考虑攻击者所拥有的任何可能的背景知识。

● 差分隐私建立在严格的数学定义上，提供了可量化评估的方法，因此差分隐私是一种公认的较为严格和健壮的隐私保护机制。

差分隐私可以通过在数据中加适量的干扰噪声来实现，目前常用的添加噪声的机制有拉普拉斯机制和指数机制。其中拉普拉斯机制用于保护数值型的结果，指数机制用于保护离散型的结果。

与其他技术相比，差分隐私在"可用不拥""不可还原""不可重标识"的合规性要求中扮演的角色更特殊一些，具体可以分为两类：

一方面，我们可以利用差分隐私达到比"不可还原""不可重标识"更高的要求，如我们可以给一个本身已经满足了"可用不拥""不可还原""不可重标识"的方案加入差分隐私，进一步降低其数据泄露风险；另一方面，如果一个方案由于成本等种种原因，不得不传输或采集超出目标之外的信息，可以使用差分隐私对这些信息增加干扰，这样对于数据下游的接收方来说，其能够获得的额外信息量更少，更符合合规性要求。

5. 属性基加密机制（ABE）

属性基加密机制（Attribute-Based Encryption，ABE）这种加密算法最早于 2005 年被提出，第一次被提出的时候也只有单一授权的概念，之后在 2011 年开始有团队把 ABE 用在区块链上。ABE 技术原理简单地说，就是把密钥（或密文）的属性加上一定的策略嵌入（加密）到密钥（或密文）上，所谓属性是指信息文件的特征，策略是指这些特征直接的"与""或"关系。举例，假设将策略嵌入密文中，这就意味着数据拥有者可以通过设定策略去决定拥有哪些属性的人能够访问这份密文，也就相当于对这份数据做了一个粒度可以细化到属性级别的加密访问控制。

ABE 属于公钥加密机制，其面向的解密对象是一个群体，而不是单个用户，实现这个特点的关键是引入属性概念。属性是描述用户的信息要素，例如，校园网中的学生具有院系、学生类别、年级、专业等属性；教师具有院系、职称、教龄等属性。ABE 使用群体的属性组合作为群体的公钥，所有用户向群体发送数据会使用相同公钥。本例中，{计算机学院,本科生}作为向计算机学院本科生发送密文的公钥，而私钥由属性授权机构根据用户属性计算并分配给个体。

算法的正确性和安全性、密钥管理、可扩展性是安全协议研究的核心问题。ABE 机制采用访问结构表示访问策略，而策略的灵活性会导致访问结构的复杂性。在 ABE 系统中，属性的动态性增加了密钥撤销的复杂性；且属性密钥与用户标识无关，导致无法预防和追踪非法用户持有合法用户的私钥（盗版密钥）情况。而大规模的分布式应用需要 ABE 机制支持多机构协作以满足可扩展性、容错性的需求，这些因素给 ABE 的研究带来了挑战。

6. 可信执行环境（TEE）

可信执行环境（Trust Execution Environment，TEE）是可以保证不被常规操作系统干扰的计算环境，因此被称为"可信"。也就是说，TEE 是一个与操作系统并行运行的独立执行环境，并且独立于操作系统和其上的应用，为整个软件环境提供安全服务。例如，在 ARM 计算机架构里的可信区域（TrustZone）即是支持 TEE 技术的产品。TrustZone 在概念上将系统级芯片（SoC）的硬件和软件资源划分为安全世界（Secure World）和非安全世界（Normal World），所有需要保密的操作（如指纹识别、密码处理、数据加解密、安全认证等）在安全世界执行，其余操作（如用户操作系统、各种应用程序等）在非安全世界执行。

在区块链网络中，有实务性研究正在将可信执行环境的范围扩大，将原本限制在单点计算环境中的 TEE 通过 VPN（虚拟专用网络）连接起来，在公共网络上构建以 VPN 连接的**可信执行网络**（Trust Execution Network，TEN），进而保障计算和通信的隐私性。TEE 和 TEN 的工作示意图如图 2-8 所示。

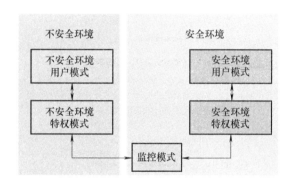

图 2-8　可信执行环境（TEE）和可信执行网络（TEN）的工作示意图

2.2.2　隐私计算与区块链技术的融合

区块链将成为隐私计算产品中必不可少的选项，在保证数据可信的基础上，实现数据安全、合规、合理有效地使用。一是区块链可以保障隐私计算任务数据端到端的隐私性；二是区块链可以保障隐私计算中数据全生命周期的安全性；三是区块链可以保障隐私计算过程的可追溯性。

区块链与隐私计算结合，使原始数据在无须归集与共享的情况下，可实现多节点间的协同计算和数据隐私保护。同时，能够解决大数据模式下存在的数据过度采集、数据隐私保护，以及数据存储单点泄露等问题。区块链确保计算过程和数据可信，隐私计算实现数据可用而不可见，两者相互结合，相辅相成，实现更广泛的数据协同。

区块链技术具有不可伪造抵赖、不可篡改、智能合约和分布式记账等技术特性，在实现数据确权与自主权管理方面具有优势。数据确权及自主权管理是数据资产化时代或称数据要素化时代的基础问题，应用场景极为广泛。

区块链自主权数据管理模型的基本内容如下（见图2-9）：

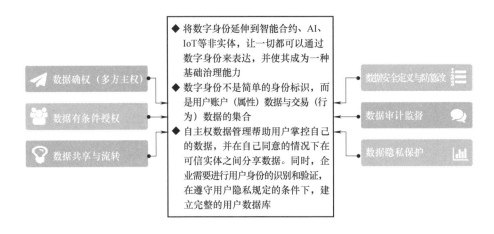

图2-9　基于区块链的自主权数据管理模型

1）基于数字身份对数据进行确权，并将数字身份延伸到智能合约、人工智能、物联网等非实体"用户"，让一切都可以通过数字身份来表达，并使其成为一种基础治理能力；

2）数字身份不是简单的身份标识，而是用户账户（属性）数据与交易（行为）数据的集合；

3）自主权数据管理模型的功能包括：数据确权（多方主权）、数据安全定义与防篡改、数据共享与流转、数据有条件授权、数据隐私保护、数据审计监督等。自主权数据管理帮助用户掌控自己的数据，并在自己同意的情况下在可信实体之间分享数据。同时，企业需要进行用户身份的识别和验证，在遵守用户隐私规定的条件下，建立完整的用户数据库。

数据加密的环节是自主权数据管理的基础。只有有了加密的手段，所有人才在需要保护隐私的时候、需要保护商业机密的时候、需要保护竞争利益的时候，以及需要满足政府监管要求的时候，有所有人共同认可的加密手段，使数据交易不等于卖掉裸数据，而是对数据使用权的分享和交易，是在加密状态下进行的数据交易，只有这样才能使数据隐私及产权利益得到保护。

2.3 数据交易中心在数字化改革中的作用

2021 年 3 月 31 日，北京国际大数据交易所发布成立⊖。北京国际大数据交易所（以下简称北数所）是数据要素化后的首家数据交易所，是北京市落实建设"国家服务业扩大开放综合示范区"和"中国（北京）自由贸易试验区"数字经济领域的重点项目，是北京市创建"全球数字经济标杆城市"的重要内容，是北京市在数字经济时代战略布局的新型基础设施，是推动数据要素市场化配置的重大探索。

北数所将以数据技术为支撑，采用隐私计算、区块链等手段分离数据所有权、使用权、隐私权；促进数字经济安全，在金融科技领域率先落地监管沙箱机制；建国际数字贸易港，以解决企业诉求为基点，推动形成国际合作机制。从观念、技术、模式、规则、生态五个方面进行全新设计，着眼于数据要素赋能产业升级，着力于破解数据交易痛点问题，打造国内领先的数据交易基础设施和国际重要的数据跨境流通枢纽。

北数所具有五大功能定位：一是权威的数据信息登记平台；二是受到市场广泛认可的数据交易平台；三是覆盖全链条的数据运营管理服务平台；四是以

⊖ 新华网．北京国际大数据交易所成立 打造数据交易生态圈 [EB/OL]．（2021-03-31）[2021-11-02]．http://www.xinhuanet.com/fortune/2021–03/31/c_1127280094.htm.

数据为核心的金融创新服务平台；五是新技术驱动的数据金融科技平台。具体功能如下：

1）数据信息登记服务。建立北京市统一的数据管理规则和制度，建立以信息充分披露为基础的数据登记平台，明晰数据权利取得方式及权利范围。北京市政府部门（含具有公共事务职能的组织）将数据目录中的公共数据通过无条件开放和授权开放形式向北数所有序汇聚，企业可在北数所内免费或有条件地使用数据信息登记平台的数据开发数据产品。驱动商业数据向北数所聚集，形成公共数据与商业数据聚集高地。构建规范的数据产品库，利用区块链技术、数据安全沙箱、多方安全计算等方式，全面提升数据登记的安全性、合规性、保密性。

2）数据产品交易服务。建立数据产品交易规则和业务规范，建立数据确权工作机制，形成价值评估定价模型，健全报价、询价、竞价、定价机制，构建高效的交易服务流程，搭建区块链数据产品交易系统。数据产品范围包括商业数据、数据分析工具、数据解决方案等。交易类别主要有以下四类：一是数据产品所有权交易，主要是数据分析工具、数据解决方案的产权转让；二是数据产品使用权交易，即在不改变数据产品所有权的前提下通过交易访问权限，实现对数据的使用；三是数据产品收益权交易，即对数据产品产生的未来收益进行交易，主要是数据资产证券化产品；四是数据产品跨境交易。交易模式为协议转让、挂牌、应用竞赛等。

3）数据运营管理服务。制定数据中介服务机构运营管理制度，严格数据中介服务机构的准入，培育专业的数据中介服务商和代理人。建立全链条数据运营服务体系，为市场参与者提供数据清洗、法律咨询、价值评估、分析评议、尽职调查等服务。

4）数据资产金融服务。探索开展数据资产质押融资、数据资产保险、数据资产担保、数据资产证券化等金融创新服务。提供质押标的处置变现、风险代偿和评价估值服务。积极争取国家先行先试政策支持，在中国人民银行的指导下，探索央行法定数字货币在北数所数据交易支付结算中的应用，打造符合数据交易特征的支付结算体系。

5）数据资产金融科技服务。深入挖掘多方安全计算在数据安全、数据应用等方面的作用，探索数据所有权和使用权的合理剥离，实现"数据可用不可见"，促进数据资产化、产品化。通过大数据、云计算、人工智能、区块链等技术，发挥交易平台线上交易、智能评估、智能撮合、风险提示等功能。通过接入北京市交易场所监管系统、北京市交易场所登记结算系统，纳入北京市数据跨境流动安全管理试点，实现对交易过程、资金结算的实时监测。

生产要素市场的培育和发展，是发挥市场在资源配置中的基础性作用的必要条件，是发展社会主义市场经济的必然要求。**北京国际大数据交易所是数据成为生产要素和《数据安全管理办法（征求意见稿)》发布后的首次数据要素市场化的尝试。**

数据要素因为类型和特征多样，缺乏客观的估值标准，并且在很多场合不会采取买断式交易模式，所以数据要素市场不会像股票市场那样，成为一个集中化、流动性好的交易市场。数据要素的经济学属性不支持标准化程度高、竞价撮合和成交活跃的交易模式。在性质上，数据要素市场更接近金融行业的场外市场，标准化程度较低，点对点交易并协商定价，成交频率低但会一直发生。这也是为什么本书更倾向于将数据交易市场的组织者称为"数据交易中心"，而不是"数据交易所"。

在数据交易市场中，最终的数据提供者和最终的数据需求者未必会直接进场交易。数据要素市场急需培育"**数据市场中介机构**"，让数据更好地从最终的数据提供者流向最终的数据需求者。数据要素市场在整体架构上将是分布式的，"数据市场中介机构"作为市场的核心节点，将承担数据收集、验证、存储和分析的工作。

数据交易中心，作为数据市场的组织者，在初期将承担数据市场交易中介的职能，对数据进行收集、确权、整理，并促进数据流通。数据交易中心在未来将作为市场的真正组织者，输出数据标准和技术方案，培育更多的数据市场中介机构，使数据要素交易更繁荣，进而成为全社会数字化改革的推动者。

2.4 案例：医疗健康数据交易中心推进全社会数字健康

本节介绍的医疗健康数据交易中心案例，从数据交易中心的角度提出了全社会医疗健康数据的确权、运营和使用方案，围绕个人医疗健康数据，将医疗机构、医药研发机构、保险金融机构充分调动起来，为全社会提供更好的数字化健康服务。这个方案能为各种不同性质的数据交易中心的建设提供参考和启发。可以预期，未来会涌现更多的围绕数据交易中心推进不同行业数字化转型的案例。

2018 年 7 月 12 日，为加强健康医疗大数据服务管理，促进"互联网＋医疗健康"发展，充分发挥健康医疗大数据作为国家重要基础性战略资源的作用，国家卫生健康委员会根据相关法律法规发布了《国家健康医疗大数据标准、安全和服务管理办法（试行）》。

从数据要素的特征可以看出，医疗健康行业会成为数据要素市场化受益最大的行业之一，因为医疗健康数据交易中心能够解决困扰医疗领域多年的痛点：医疗健康数据的隐私性与安全性。

首先，病人的医疗记录和个人隐私信息在任何时候都是需要被保密的。这需要医疗机构有令人信任的保密机制，尤其涉及特殊敏感的治疗记录，如艾滋病、乙型肝炎、癌症，或是整容、心理疾病等。而所有的医疗记录和信息如果只是被单纯放进机构运营的信息数据库里，已不再是稳妥可行的选择。因为在互联网时代，往往由于网络安全等问题，"泄密"与"爆料"变得简单、成本极低。例如：

* 2015 年 2 月，美国第二大医疗保险服务商遭到入侵，超过 8000 万名患者和雇员的个人信息被盗，被誉为史上最大医疗信息泄露事件；

* 2016 年 7 月，美国加利福尼亚大学洛杉矶分校健康服务系统由于用户数据没有加密，450 万份档案资料被泄露。

其次，健康人群的身体数据也是现代社会的重要隐私情报。特别是像指纹或虹膜这种"身体密码"，它们不同于身高体重、血糖血压之类的传统数据，是绝对不能泄露的。如果这些涉及唯一性的资料出现大规模泄露，将会引发金融灾难。此外，随着基因检测的发展，现在只要花几百元并用一点唾液，检测机构就能生成一份检测报告，报告中包括个人基因数据、健康风险、遗传性疾病、药物指南等，所有的个人隐私信息均被保存在该检测机构的数据库中。这种毫无保障的中心化数据库里存储的用户健康信息，一旦出现泄露，很难想象会导致多少不可控事件发生。

医疗健康数据交易中心可以为医疗行业提供一个可行的"数据隐私"解决方案，这是一个既能做到完全透明又能尊重用户隐私的方案，下面介绍其应用领域。

2.4.1　电子病历

医疗健康数据交易中心在医疗领域最主要的应用是：**个人医疗数据的自主**

权管理。

电子病历的广泛使用给医疗领域带来非常多的便利，使得数据的存储和复制非常简单。但电子病历存在如下缺陷：

1）首先，在现有的体系下，患者的个人医疗数据是由不同的医院或企业来进行管理的，患者的个人数据是分散的，数据难以交互，互操作性差，难以协调管理。

2）其次，患者的个人医疗数据是有价值的，本质上归患者所有，但是管理数据的企业往往因为经济利益将这些数据占为己有，患者无法掌控和管理自己的个人医疗数据，无法对自己的数据进行访问控制、权限设定。

3）最后，患者的个人医疗数据的安全性和有效性完全依赖于企业，企业的数据库一旦遭受破坏，医疗数据就会损失，难以恢复，且企业很可能会因自身利益而泄露医疗数据，对患者隐私造成危害。

医疗健康数据交易中心基于区块链自主权管理医疗电子病历，就有了个人医疗的完整历史数据。个人看病也好，健康规划也好，有历史数据可供使用，对于精准治疗和疾病预防有宝贵价值。而且这个**数据真正的掌握者是患者自己**，并不是某个医院或第三方机构，这对于消除医疗信息安全隐患（包括信息不完善、信息风险和信息无法访问等）以及保护数据的隐私性和安全性有重要意义。

2.4.2　健康管理

医疗健康数据交易中心基于区块链技术搭建的健康管理平台，可在智能家居/办公环境中运作，让用户能够安全地跟踪并收集个人健康数据。这些数据多来自联网的可穿戴设备和其他家庭监控设备。在这个应用场景下，智能合约将被用于医疗健康识别，如遇紧急情况，还能触发潜在紧急健康状况的警报，并将适当的信息传递给临床医生和家庭成员。

2.4.3　DNA 钱包

基因和医疗数据基于区块链自主权管理，将形成一个 DNA 钱包。这使得医疗健康服务商能够安全地分享和统计病人数据，帮助药企更有效率地研发药物。服务商在使用个人数据时，要征得个人同意授权，并为个人提供相应的补偿或回报。

2.4.4　医疗支付与理赔

全球每年的医疗总支出超过 7 万亿美元。其中，个人消费者每年直接自费支付近 18% 或 1 万亿美元。尽管经济支出巨大，但医疗服务生态系统仍不够完善，不能让消费者享有经济上的主动权。消费者并不知道一些医疗服务的成本是多少，或者他们应该花多少钱。基于医疗健康数据交易中心，在数据智能分析的帮助下，患者在接受治疗前，可以提前确定自付费用金额，也能预付款等，避免产生意料之外的成本，而医疗机构也能减少未收款项坏账。

医疗健康数据交易中心可以显著地促进医疗信息的共享，创造安全、可信和便捷的医疗记录，具有高度的完整性和可信性。区块链保证了数据的有效性和安全性，使得医院、保险公司和新药试验能够实现连接并及时无缝分享信息，而无须担心信息被泄露或者被篡改。通过在区块链上编写智能合约，可以对患者数据进行访问控制，保障患者对自己的数据的所有权，保护患者隐私。

2.4.5　精准医疗

医疗健康数据交易中心可为医疗行业带来的另一大变革是促进医疗服务向以患者为中心转变，在物联网及认知分析等技术的协同作用下，全新的远程医疗护理、按需服务和精准医疗将成为可能。

基于医疗健康数据交易中心的精准医疗服务的流程，如图 2-10 所示。

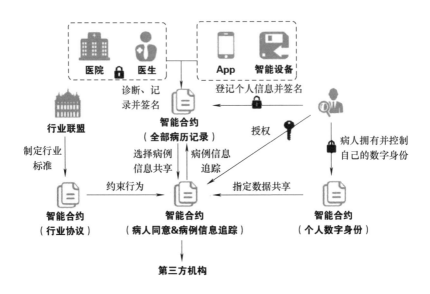

图 2-10　基于医疗健康数据交易中心的精准医疗服务

基于医疗健康数据交易中心的精准医疗和按需服务的场景举例如下：

场景一：药物适配

医药企业在医疗健康数据交易中心提交自己要售卖的药品、服务，并向交易系统发出分析请求。交易系统收到数据后，抽取其相应受众可能具备的病理特征，再据此向目标客户群（系统初步判断）发送医疗健康数据计算的授权请求；用户同意并授权药企后，交易系统将药品受众的潜在病理特征与授权用户的个体病理特征（已脱敏）进行比对，并将比对结果及相似度反馈至药企。药企查阅后可选择将相似度达 60% 以上的筛选条件作为门槛，向目标客户推送定制化服务。

场景二：保险定制

保险服务商在医疗健康数据交易中心提交自己要售卖的服务，并向用户群体发送数据授权请求。用户同意且保险商支付相关数据使用费用后，交易系统评估授权群体中患有某种疾病风险的概率，并将相关结果反馈至保险服务商。随后保险服务商可根据用户群体患有某种疾病的概率进行智能定价，并将不同的定制化服务推送给用户。

　　在数字化时代，数据成为生产要素，数据要素的拥有权、使用权、交易权则定义了数字化时代的生产关系。我国于 2021 年 9 月 1 日起施行的《中华人民共和国数据安全法》及于 2021 年 11 月 1 日起施行的《中华人民共和国个人信息保护法》试图在法律层面重新规范数据要素的使用，而基于区块链的隐私计算解决方案则为数据要素的确权、使用和流转提供了符合法律规定的技术支撑。数据交易中心是要素配置市场化的必然要求，在未来很长一段时间内将成为数据交易市场的组织者和推动者。

第 3 章

高效智慧的数字政府

3.1 基于信用治理的数字政务架构

3.1.1 从电子政务到数字政务建设

电子政务是电子化的政府机关的信息服务和信息处理系统，是指通过计算机通信、互联网等技术对政府进行电子信息化改造，从而提高政务管理工作的效率以及政府部门依法行政的水平。在 2015 年之前，国家发布的政策更加强调的是"电子政务"，即政务的标准化、数据化、网络化，着重强调将信息和业务上网以及政府内网和外网的集约化管理。

2015 年是数字政务（或称为"数字政府"）建设政策指导的分水岭。

自 2015 年发布《国务院关于积极推进"互联网 +"行动的指导意见》以来，电子政务明显向数字政务阶段演化。数字政务是指通过数字化、数据化、智能化、智慧化的现代信息技术促进实体政府虚拟化，从而形成的一种新型政府形态，包含政府办公自动化、政府实时信息发布、公民随机上网查询政府信息等。

数字政务的显著特征（见图 3-1）是在各种政务服务环节大量运用区块链、

人工智能、大数据、云计算、物联网等新兴技术，帮助政府更好地提供政务服务，切实改善服务质量，提高社会整体运作效率。通过推动技术创新，切实在政务场景应用落地，促使政府行政过程服务化、智慧化、系统化、精准化，实现全社会公共利益最大化。这里体现的是国家施政理念上从原有的行政管理向社会治理的转变，国家治理体系和治理能力向现代化方向迈进。

在全世界第四次产业革命和我国服务型社会转型的大背景下，数字政务体系建设将是点燃新一轮改革创新的核心引擎。

图 3-1　数字政务的特征

政府信息资源共享始终是数字政务建设的主要内容，它的宗旨要求政府以服务对象为中心，实现各级各类政府跨部门、跨领域、跨平台的完整及时的信息流转和业务的协同共享。[⊖]

把企业管理领域的协同商务思想引入公共管理领域，就产生了"协同政务"

⊖　肖炯恩，等. 基于区块链的政务系统协同创新应用研究［J］. 管理现代化，2018（05）.

概念。协同政务是在信息化的背景下，政府部门之间利用信息技术手段进行跨部门业务协作，最终通过改变行政管理方式方法，实现政府资源得到最充分利用的新型政府工作模式。将公共和私人利益相关者聚集在同一系统中，协调各方的利益、权力，平衡各方的资源。协同政务关注的焦点是后端的数据汇聚，进而推动前端的系统整合，最后实现政务系统的流程优化，提升公共服务效率。

从系统协同的类型来看，系统协同的方式包括：数据的集成、应用系统的集成、业务流程的集成。

经过十余年电子政务时代的发展，政府各个部门基本完成了自身的信息化建设。但是之前的信息化建设，基本都是面向业务流程的信息化。每个部门的业务流程千差万别，缺乏统一的顶层架构设计，导致各个部门的信息无法互通，数据无法协同。《中国电子政务年鉴（2015）》明确指出，信息孤岛和分散建设是阻碍我国数字政务深入发展的两大瓶颈。由于缺乏统一标准规定如何实现数据跨区域、跨部门的共享、保护、开放，还有如行政壁垒、各自为政等额外因素，导致我国各级政府在跨部门、跨地区的信息共享方面的进展非常缓慢。

数字政府的目标，主要在于推进政务信息系统整合，破除"信息孤岛"，打造统一安全的政务云平台、数据资源整合的大数据平台、一体化的网上政务服务平台，构建形成大平台共享、大数据慧治、大系统共治的顶层架构，实现数字化技术和政务服务深度融合。数字政务的需求与区块链技术的信用互联、分布式数据协同等技术特征极为契合。在数字政府领域运用区块链技术，能够支撑数字政府底层数据及业务流程的共享层面的问题，包括数据确权、数据分享、数据安全等。区块链允许政府部门对访问者和访问数据进行自主授权，对数据调用行为进行记录，出现数据泄露事件时能够准确追责，大幅降低了数字政务数据共享的安全风险，提高了执法效率。基于区块链的数字政务协同创新架构如图3-2所示。

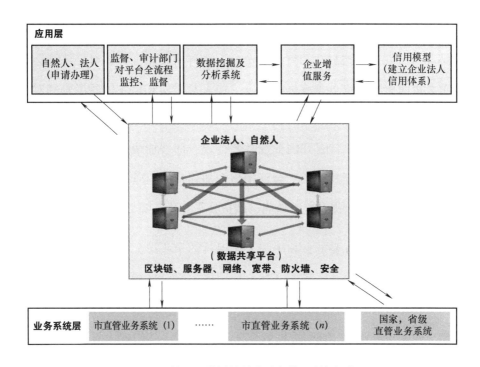

图 3-2　基于区块链的数字政务协同创新架构

3.1.2　从行政管理走向社会诚信治理

我国社会信用体系建设是政府职能从行政管理走向社会诚信治理的里程碑。社会信用体系，也称国家信用管理体系或国家信用体系。社会信用体系是以相对完善的法律、法规体系为基础，以建立和完善信用信息共享机制为核心，以信用服务市场的培育和形成为动力，以信用服务行业主体竞争力的不断提高为支撑，以政府强有力的监管体系为保障的国家社会治理机制。社会信用体系的建立和完善是我国社会主义市场经济不断走向成熟的重要标志之一。

2019 年 7 月 16 日发布的《国务院办公厅关于加快推进社会信用体系建设构建以信用为基础的新型监管机制的指导意见》中指出，党中央、国务院高度重视社会信用体系建设。习近平总书记强调，要建立和完善守信联合激励和失信联合惩戒制度，加快推进社会诚信建设，充分运用信用激励和约束手段，建立跨地区、跨部门、跨领域联合激励与惩戒机制，推动信用信息公开和共享，着力解决当前危害公共利益和公共安全、人民群众反映强烈、对经济社会发展造成重大负面影响的重点领域失信问题，加大对诚实守信主体的激励和对严重失信主体的惩戒力度，形成褒扬诚信、惩戒失信的制度机制和社会风尚。2019年6月，李克强总理主持召开国务院常务会议，部署加快建设社会信用体系构建相适应的市场监管新机制等，会议指出，加强信用监管是基础，是健全市场体系的关键，可以有效提升监管效能、维护公平竞争、降低市场交易成本。

在国家发展和改革委员会和中国人民银行的牵头下，由国家信用体系建设联席会议各成员单位编制完成的《社会信用体系建设规划纲要（2014－2020）》提出：全国社会信用体系建设将按照"一套组织体系、两个顶层设计、三大关键举措、四大重点领域、五大推进载体"全面展开。其中四大重点领域是指加快推进政务诚信建设、深入推进商务诚信建设、全面推进社会诚信建设、大力推进司法公信建设（见图3-3）。

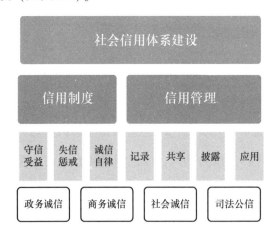

图3-3　社会信用体系建设框架

社会信用体系建设的核心作用在于，记录社会主体的信用状况，揭示社会主体信用优劣，警示社会主体信用风险，并整合全社会力量褒扬诚信，惩戒失信。充分调动市场自身的力量净化环境，降低发展成本，降低发展风险，弘扬诚信文化。

在社会信用体系建设理念的指导下，数字政务将以信用为基础的新型监管机制作为重点内容，建设创新事前环节信用监管、加强事中环节信用监管、完善事后环节信用监管、强化信用监管的全生命周期的信用监管机制。

3.1.3　基于信用治理的数字政务架构

在数字政务时代，社会信用体系建设为数字政务的建设指明了方向。社会信用体系建设要求数字政务基于面向主体（自然人、法人、产权）的理念打通不同部门的数据，并基于主体数据优化业务流程。

基于信用治理的数字政务顶层架构设计如图 3-4 所示，按照不同的职能和数据依赖关系，架构自下而上分为五层：

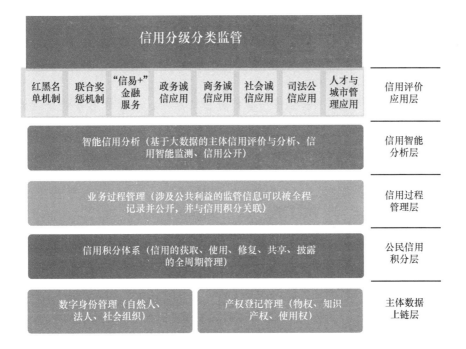

图 3-4　基于信用治理的数字政务顶层架构设计

- 主体数据上链层：利用区块链技术打通不同部门的主体数据，构建面向主体的数据集合，并实现主体的自主权数据管理。各类主体包括自然人、法人、社会组织、知识产权、物权（如汽车等实物资产）等。在区块链上为各类主体创建数字身份。

- 公民信用积分层：为推进社会信用体系建设，引导社会公民规范、道德、守信，很多城市创建了全新的信用积分体系，比如厦门的"白鹭分"，福州的"茉莉分"等。信用积分体系在常规的法律和行政手段之外，创建了道德规范层面的奖惩措施，是社会信用治理领域的创新。公民信用积分层实现了信用积分的全生命周期管理。⊖

- 信用过程管理层：基于区块链技术不可伪造抵赖、不可篡改的特性，全程记录涉及法律规范和公共利益的业务办理过程。创新事前环节、加强事中环节、完善事后环节的全生命周期信用监管机制。

- 信用智能分析层：基于大数据，综合主体数据、公民信用积分、信用过程管理的事后综合评价，对主体进行信用评价与分析、信用智能监测、信用公开。

- 信用评价应用层：基于信用智能分析的结果，进行信用分级分类监管，包括信用红黑名单机制、联合奖惩机制等，实现守信者一路通畅，失信者寸步难行，打造社会信用治理体系建设的完整闭环。

3.2 基于区块链的全景数字身份

3.2.1 数字身份技术及其发展现状

数字身份是数字政务和未来可信互联网的"通用基础设施"。未来的数字身

⊖ 关于公民信用积分及其应用，本书第4章中将详细阐述。

份不是一个数字化的公民身份或身份证，也不是简单的身份标识，而是用户标识、能力、属性和行为的集合。

科技赋能的数字身份发展现状与趋势如下：

第一，eID（公民网络电子身份标识）与可信身份认证成为基础解决方案。eID 是以密码技术为基础、以智能安全芯片为载体、由"国家公民网络身份识别系统"签发给公民的网络电子身份标识，能够在不泄露身份信息的前提下在线远程识别身份。可信身份认证模型的核心思路是在终端侧通过可信执行环境（TEE）实现硬件隔离，同时结合密钥存储和密码算法运算，避免开放系统上的软件病毒、木马的攻击，在此基础上通过密码学算法为应用服务商和用户之间建立一套端到端的安全认证协议，这是业界公认的可信安全技术框架。

第二，生物特征识别让安全变得简单易行。智能手机和其他移动设备基本都默认内置了多种生物特征识别身份验证方法，在线生物特征安全便作为强在线身份验证的低成本方法而变得更加实用。用户在登录时，不用再输入一长串账号密码，而是改用生物识别（指纹、刷脸、瞳孔）技术，并可基于生物特征进行活体验证。

第三，区块链技术使数字身份的自主权回归个人。自主主权身份是指由用户个人完全控制的数字身份管理模式。用户是身份管理的中心，在用户同意的情况下实现跨区域身份的互操作性，实现用户对该数字身份的真实控制，进而实现用户数字身份的自主权。自主主权数字身份还允许用户提出声明，如能力信息、职业信息、学历信息等。通过数字身份和区块链的结合，身份验证和操作授权都得到了有效解决，可信的数字身份体系自然成为区块链系统应用场景中不可或缺的部分。

第四，物联网（IoT）扩展数字身份的边界。计算机、机器人和物联网设备都需要访问计算和数据资源，这些都正在归入数字身份治理的范围之内。随着技术的发展，数字身份将具有更加宽广的外延，将身份认证延伸智能合约、AI算法等虚拟实体。一切都可以用数字身份来表达，数字身份将成为可信互联网的基础治理能力。

3.2.2 行政相对人数字身份及其应用

行政相对人是指行政管理法律关系中与行政主体相对应的另一方当事人，即行政主体的行政行为影响其权益的个人或组织。在制定法上"行政相对人"一般被称为"公民、法人和其他组织"。因此行政相对人的数字身份包括以下两类：

● 自然人数字身份系统，为政府及公民提供可信身份数据和公共服务认证接口；基于公民身份信息的 eID 服务平台（见图 3-5）。

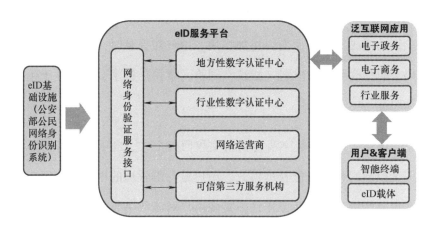

图3-5 基于公民身份信息的 eID 服务平台

● 法人及社会组织数字身份系统，与企业和事业法人行为相关的工商（民政）登记信息、信用信息、经营信息，以及司法信息等。

实现行政相对人的数字身份管理以及基于数字身份的自主权数据管理，在数字政务领域将有非常多的具体应用落地场景。下面我们对几种典型场景进行详细说明。

1. 实现身份信息共享

数字身份系统通过和政务、便民、公共服务、养老助残、医疗、人力资源和社会保障、教育、民政、住建等业务系统进行数据共享和联动，实现高效协作的政务联动协同管理，建立各个政务部门的工作衔接机制。平台实现互联互通，办公数据化，监管全覆盖，真实数据不可篡改，促进政务工作公开、透明、规范运行，并以高效协作的方式推进各部门政务服务迈上一个新的台阶。

2. 实现跨部门无纸化审批

跨部门的事务审批通常采用纸质出函方式，用人工审批加复函的方式完成各种事务的审批工作。通过系统审批资料电子化和区块链分布式存储化，加入工作人员和审批人员的区块链电子签名技术，完成电子档案的区块链存储和数据共享，实现跨部门的无纸化审批流程，不仅大大提高工作效率，还便于增强各部门的联动能力。

3. "零跑腿"便民服务升级

将数字身份控制权从中心服务器移交给个人，让个人拥有对数字身份的控制权，以个人主体为对象，围绕数据、业务、安全三个维度，构建个人主体相关数据及其关系的数据集合，打造"个人数据空间"。在此基础上，各个政务系统可以访问可信的个人数字空间，结合人脸识别、电话实名制认证、电子身份证等，实现政务服务的"零跑腿"，转变政府服务模式，变条件审批为信任审批，变被动服务为主动服务。

以协同理论为指导，建立以区块链为核心的数据共享平台。以数字身份应用场景为例，经过梳理，已经在 20 项政务业务场景中实现了公民办理事项的"零跑腿"（实现的事项在不断增加中）（见表 3-1）。在当下的数字化改革进程中，各地政府的"零跑腿""一件事"便民服务改革所覆盖的业务场景正在持续增长。

4. 公民和机构的诚信管理

在登记个人信息的同时，将个人的征信情况也记录下来，这些信息在网络里对所有端口开放。在办理涉及个人的商业往来、借贷等事项时，通过区块链系统可以随时查询追溯到个人和机构的全部诚信记录，避免许多纠纷事件的发生，促进社会和谐发展。

表 3-1　已经实现的"零跑腿"事项清单

序号	事 项 名 称	所属部门	序号	事 项 名 称	所属部门
1	出具参保证明	社保	11	基本医疗保险个人账户查询	社保
2	出具领取基本养老金的证明	社保	12	社保关系转成登记（养老缴费凭证打印）	社保
3	申请高龄老人津贴	民政	13	社保关系转成登记（医疗转移缴费凭证打印）	社保
4	老年人优待申请	民政	14	社保关系转成登记（失业转移缴费凭证打印）	社保
5	残疾人职业技能培训报名	残联	15	白内障复明证明	残联
6	残疾人生活津贴	残联	16	国家《流动人口婚育证明》办理	卫计
7	志愿者招募	团委	17	《独生子女父母光荣证》核发	卫计
8	开具个人所得税纳税证明	地税	18	计划生育情况审核	卫计
9	职工基本养老保险待遇领取资格认证	社保	19	生育保险参保职工计生情况确认	卫计
10	领取工伤保险长期待遇人员资格认证	社保	20	下岗失业人员免费技能培训报名登记	人社

3.2.3　不动产数字身份管理及其应用

2019 年 3 月 11 日，国务院办公厅发文《国务院办公厅关于压缩不动产登记办理时间的通知》（国办发〔2019〕8 号），强调以推进国家治理体系和治理能力现代化为目标，以为企业和群众"办好一件事"为标准，大力促进部门信息共享，打破"信息孤岛"。基于数据共享交换平台，让信息多跑路、群众少跑腿，建立部门间信息共享集成机制，加强部门协作和信息互联互通，进行全流程优化，压缩办理时间，切实解决不动产登记耗时长、办理难问题，努力构建便捷高效、便民利民的"互联网＋不动产登记"工作体系。

不动产数字身份管理及其应用领域的作用如下：

● 简化产权登记与交易流程：传统产权登记与交易受制于中介机构、登记机构的审查以及资金交易环节的影响，流程较为烦琐；不动产数字身份帮助资金与交易过程直接对接，减少登记机构的审查、确认过程，从而简化产权登记与交易流程。

● 防止产权交易欺诈，提升交易透明度：传统产权登记机构缺乏登记机构间的数据共享，产权交易过程中透明度低，伪造、篡改产权的情况难以避免；不动产数字身份可以提高产权交易透明度，加强对产权交易环节的有效保护，防止交易欺诈的产生。

不动产数字身份全生命周期管理解决方案基于不动产登记信息数据创建不动产数字身份，打通不动产交易中心、房地产管理局、税务局等多个部门的数据，跨部门实现数据共享与安全；记录不动产业务过程中与外部进行数据交换的过程，包括预售、网签、登簿、挂牌、评估、交易、抵押、变更、公证等全生命周期运营数据；为涉及不动产信息的政府部门、金融机构、社会组织提供信息查询、验证、业务办理等存证与验证服务，最终形成一套以时间为轴的全融合账本。实现不动产登记业务管理部门数据打通、数据实时准确、数据共享、安全确权、不可篡改、可追溯、流程优化、效率提高、业务融合的成长性不动产数字身份全生命周期服务平台（见图3-6）。

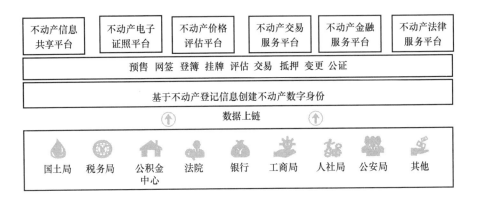

图3-6　不动产数字身份管理实现 "办好一件事"

不动产数字身份管理以及基于数字身份的自主权数据管理，其典型应用场景说明如下：

1. 不动产产权登记与交易

不动产登记存在的问题主要包括：信息共享与更新机制缺乏，基础数据一致性、准确性、权威性欠缺，房屋登记纳税监管存在漏洞，居民办事跑路多，房屋交易过程中无法彻底解决 "阴阳合同" 的出现。房地产交易市场在交易期间和交易后的流程中，存在缺乏透明度、办事手续烦琐、有欺诈风险、公共记录出错等问题。

房产欺诈对全球房产所有者都造成了风险。根据美国土地产权协会数据，所有交易过程中房产的产权有 25% 存在瑕疵。任何瑕疵在被修正之前，都会导致转让财产所有权非法。这意味着业主通常要缴纳高额的法律费用，以确保其财产的真实性和准确性。据《华尔街日版》报道，2015 年美国与房产欺诈相关的损失费用平均约为 103 000 美元。国内尚无相关的统计数据,但是与房产欺诈相关的报道也经常见诸新闻头条。

基于不动产数字身份管理可实现对土地所有权、房契、留置权等信息的记录和追踪,并确保相关文件的准确性和可核查性。从具体的操作上看,不动产数字身份在房屋产权保护上的应用,可以减少产权搜索时间,实现产权信息共享,避免房产交易过程中出现欺诈行为,提高房地产行业的运行效率。

中国银行(香港)有限公司(BOCHK)在 2018 年年中表示,已经使用区块链平台处理 85% 的房地产评估。过去,银行和房地产评估师必须交换传真和电子邮件,以生成和交付实物证书。现在,这个过程可以在几秒内在区块链上完成。

2. 不动产租赁与物业管理

物业管理非常复杂,涉及许多利益相关者,包括房东、物业经理、租户、供应商。大多数房产租赁目前要么通过线下人工书面文件进行管理,要么通过多个互不兼容的软件程序进行管理。基于不动产数字身份可以实现从房屋历史信息追溯,到签署租赁协议,再到管理现金流,最后到提交维护请求的整个物业管理流程,以安全透明的方式进行。

3.2.4　知识产权及物权数字身份应用

1. 知识产权数字身份应用

2019 年 11 月 24 日,中共中央办公厅、国务院办公厅联合发布《关于强化知识产权保护的意见》(以下简称《意见》)。

《意见》是第一个以中共中央办公厅、国务院办公厅名义出台的知识产权保护工作纲领性文件,将以前所未有的力度推动我国知识产权保护能力和保护水平的全面提升。《意见》明确提出，地方各级党委和政府要落实知识产权保护属地责任，各地区各部门要加大对知识产权保护资金的投入力度，并将知识产权保护绩效纳入地方党委和政府绩效考核和营商环境评价体系。《意见》提出要不断改革完善知识产权保护体系，综合运用法律、行政、经济、技术、社会治理手段强化保护，促进保护能力和水平整体提升。

为知识产权创建数字身份，将延伸知识产权整体保护的形式，明确知识产权的绝对归属。传统知识产权登记从成品环节开始，对成品之前的诸多环节缺少保护。数字身份可以帮助知识产权的生命周期延伸到实现成品之前的环节，记录知识产权的形成过程，进而为知识产权鉴权提供更加丰富的依据。

知识产权数字身份管理将贯穿知识产权的形成、身份验证、知识鉴权、流转存证、纠纷仲裁、司法执行的全过程（见图3-7）。

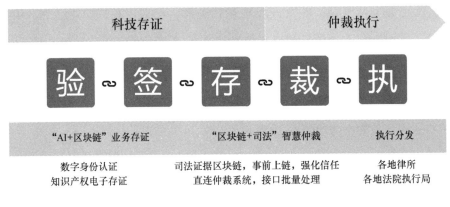

图3-7　知识产权的数字身份管理

传统的版权登记流程至少需要一个半月时间，与数字内容创作和流通"短、平、快"的特性不相匹配。利用数字身份管理，将文化产业链条中的各环节加以整合，加速流通，能够有效缩短价值创造周期。通过基于区块链的数字身份管理，对作品进行鉴权，证明文字、视频、音频等作品的存在，保证权属的真实、唯一性。作品在区块链上被确权，实时记录后续交易进展，实现文娱产业全生命周期管理，也可作为司法取证中的技术性保障。

2. 物权数字身份应用

物理资产，比如车辆等实物资产，基于资产上链的理念为资产创建数字身份，并实现资产的生产、采购、维修、转让、报销等全生命周期管理，实现完整信息的真实追溯。例如，雄安新区"千年秀林"项目，通过雄安森林大数据系统，为每棵树基于二维码创建专属"身份证"，实现从苗圃到种植、管护、成长的可追溯的全生命周期管理。

3.3　可信、智慧的行政过程管理

数字化技术的广泛应用，使得行政过程管理具备了不可篡改、全历史记录的特质，而这显著增加了行政过程中的造假成本，为审计、审查、业务过程的管理工作提供了便利。传统审计工作会在收集信息、分析数据、判断问题严重性以及形成客观公正的结论上消耗大量资源，而时间滞后性和覆盖范围的局限性容易影响审计结果的准确性。人工智能、自然语言处理（NLP）、大数据等技术的综合应用可以将行政过程管理的"事后审计"改为"事前防范"和"事中预警"，区块链技术则以时间戳的形式在特定时间点固化数据，确保信息真实、准确、完整。

3.3.1　电子发票数字化解决方案

统计数据显示，2017 年我国电子发票开具量达 13.1 亿张，预计到 2022 年将可能达到 545.5 亿张，保持超过 100% 的年均增长速度。相对纸质发票而言，电子发票在发票开立、申报、留存和成本等多方面有着诸多优点，比如实时性、交互性、低成本和易存储等。然而，电子发票行业共享难、流转难、归集难、查验难等现象成为行业发展的"绊脚石"。其中比较典型的例子就是重复报销问题。因为电子发票是以电子文件的形式存在的，具有数据复制的完全无差异性，所以电子发票很难确权，常常导致产生电子发票重复使用的问题。当前，这一问题主要通过管理手段辅助解决，但并不能完全杜绝此类问题的发生。

电子发票数字化解决方案具备以下几方面优势：

● 确权：确保电子发票信息在产生和存储过程中的唯一性，实现确权认证；

● 真实：企业或个人电子发票上的数据信息在产生和存储过程中无法伪造、不可篡改，确保了数据真实；

● 信任：基于区块链的加密算法、共识算法等机制从技术层面上建立起不同企业、机构和个人各方之间的信任。

税务机关、第三方技术服务商和企业共同搭建数字发票区块链平台，对电子发票的开具、流转、报销和存档进行全流程管理，实现了平台之间的数据共享和互联互通，解决了传统电子发票系统监管困难和重复报销等问题（见图 3-8）。

● 税务机关、财政部门、审计部门等作为监管部门加入区块链，统一制定区块链平台的运行标准和合约条件，负责对系统的运行和制度进行监督。

● 第三方技术服务商在税务机关授权 CA 证书的情况下，加入区块链作为电子发票产生节点。作为区块链发票生产者，第三方技术服务商负责将开票企业接入区块链平台。在电子发票产生的过程中，第三方技术服务商需要使用自己的私钥对数字发票的数据进行加密和签名，以保证数字发票的唯一性。

● 企业作为发票入账报销的发起者，通过第三方技术服务商系统向区块链平台发起入账报销的请求操作。第三方技术服务商在区块链平台中查询相关的电子发票信息，实现入账报销操作。

● 第三方技术服务商可向社会公众提供查验接口，以获取区块链平台上的发票数据。

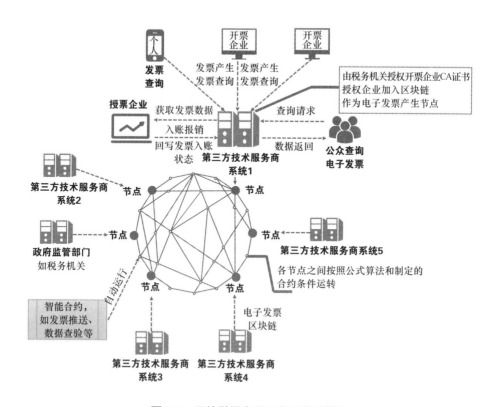

图 3-8 区块链平台用于电子发票管理

3.3.2 政府采购数字化解决方案

2018 年，我国政府采购规模高达 35 861.4 亿元，但当前政府采购行业出现的高速发展与信息化程度不匹配的问题值得关注。政府采购目前存在的痛点和问题如下：

首先，政府采购信息零散化和碎片化现象仍然突出。一是平台分散化，未实现财政部平台、各中央集中采购平台、各地公共资源交易平台、各专业网站平台的信息共享；二是信息碎片化，2015 年实施的《中华人民共和国政府采购法实施条例》（以下简称《政府采购法实施条例》）对信息公开内容进行了约束和规范，但实际落实情况不一致，目前对于信息公开的不规范尚属"民不举官不究"的状态；三是数据利用不充分，行业相关数据目前仍主要用于基本信息统计，针对产业、产品和交易数据的数据整合和挖掘工作做得不够。

其次，标准化建设不健全。当前，我国政府采购行业的标准化还处于内容层面，2017 年发布的《政府采购货物和服务招标投标管理办法》（财政部令第 87 号）中对公开招标和邀请招标的招标公告、资格预审公告、结果公告的内容进行了规范。《政府采购非招标采购方式管理办法》（财政部令第 74 号）规范了非招标采购方式的相应内容。以《中华人民共和国政府采购法实施条例》规定的合同公告为例，目前合同公告仍存在上传不及时、漏传、不传现象，上传的数据格式也不统一，有的是影印件，有的是电子件（其中也分 doc 和 pdf 两种不统一的文件格式）。供给侧的产品数据信息同样在各厂商间未形成共识，整合难度较大。

再次，安全性存在隐患。我国将加快加入世界贸易组织（WTO）《政府采购协议》（GPA）的进程。因此，政府采购将来面向外国开放后，数据信息必将面对安全挑战。此外，法律明确保密的采购评审环节的泄密时有发生，甚至有厂商依据窃密取得的信息进行投诉质疑，泄密源头却无从追溯。

最后，招投标领域违规惩处措施不强，腐败现象和违规手段层出不穷。在各类政府采购程序中，公开招标占了全国政府采购规模的 70.5%（2018 年数据）。在公开招标程序中，招标周期长，浪费了大量资源；招标代理机构操控招标结果，导致国家财务受损；招标人围标、串标现象时有发生；投标文件约 1/3 的内容是进行投标企业的资质认证，且需要盖大量公章进行信息确认，但招标单位资质和业绩造假问题无法甄别；评审专家人为影响招标结果，招标监管缺乏直接、有效的手段。

政府采购数字化解决方案充分利用区块链、人工智能、大数据分析等技术，严格按照政府采购管理规定、流程及相关制度和实施办法，将政府采购的全生命周期数据存证。这样既可以实现多部门、多级别间的数据共享，又可降低信任成本和实现数据可追溯，大大提高了政府采购行业信息的范围和效率。从根本上杜绝了人为参与的影响，最大限度保障政府采购的公开、公正、公平、透明。

针对传统招标和电子化招标存在的问题，在电子化招标平台的基础上充分利用新兴数字化技术，严格按照招投标法规、制度和实施办法，融入形成计算机"算法规则"，打造创新型政府招投标数字化应用平台（见图3-9）。

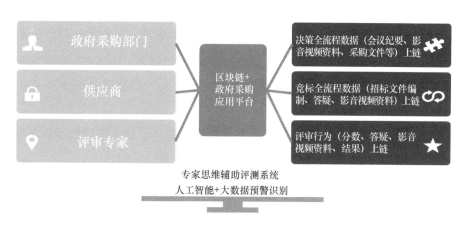

图3-9　政府采购数字化解决方案

该平台实现如下功能：

● 招标行为及招标文件上链：招标决策全流程（会议纪要、影音视频资料等）上链，监管部门随时可查；对招标文件关键条款的设置自动进行合理分析；同时增加异地专家辅助论证功能，并将论证意见上链；根据项目注册信息，匹配对应招标文件模板，并将招标文件上链。

● 招标代理机构行为上链：将代理机构行为（包括招投标文件编制过程、答疑、开标过程、代理机构工作人员影音视频资料等）数据上链，监管部门、社会监督委、投标人可以随时查阅并监督，督促招标代理依法依规操作，杜绝违规操作行为。

● 评审专家行为数据上链：将评审专家行为（包括评标室的影音视频资料，专家个人视频和音频，专家个人的电脑操作等）上链；将评标结果上链；增加专家思维辅助评测系统，对评审专家评分的合理性进行分析。可实现评审专家公开、公平、公正地开展评标工作，有效防止评委操控评标结果。

● 人工智能＋大数据识别围标、串标：对投标文件的编制源头进行识别，分析同一项目投标文件的关联度和相似度；利用大数据分析各投标人之间的关系，加强对围标、串标的识别和预警提示，便于监管部门严厉打击和查处。

● 开放金融服务接口：可接入金融机构与企业合作，可实现一次业务授信，循环额度使用，持续为投标企业的业务拓展补充资本金，加强投标企业的核心竞争力。

基于数字化技术实现政府采购全流程监管到位，可最大限度减少人为干扰和影响，杜绝围标、串标等违法、违纪事件发生，预计每年可以为国家节约8%～10%的财政支出。数字化技术能够实现招投标全程信息无盲点，清晰透明可追溯。同时能够帮助主管和监管机构对招标主体进行信用评级，从真正意义上实现择优选择，建立良性竞争机制，形成健康有序的市场。

雄安新区已经在政府管理中引入大数据、区块链技术，对工程建设投标过程中的每一项决策进行全过程信息留档，作为证据随时可以调取查看，出现问题依法问责。

3.3.3　日常行政管理的数字化应用

1. 干部人事档案管理

干部人事档案是干部管理的重要基础信息，各政府单位都有档案室，建有档案管理系统，能够方便查到干部的出生、籍贯、工作履历等综合信息。违法更改个人人事档案的事件屡有发生，如修改个人出生日期、工作经历、民族、学历等。而现有人事档案管理方式不能完全杜绝人事档案的修改作假。

应用区块链技术，通过区块链记录每个干部的出生日期、任职履历等基础信息，形成无法篡改的个人电子档案，从技术上彻底解决传统干部人事档案管理中存在的问题和积弊。一旦干部档案信息经过验证并添加至区块链后，就会永久存储起来，为干部人事档案的准确、完整提供了技术保障。

2. 民政部门：扶贫与公益慈善项目监督

将扶贫场景中的贫困人口识别、资金、管理、监督、政策等各个环节纳入数字化管理系统。通过将传统的人员管理方式与数字化技术应用有机结合，让扶贫基金沿着规定的用途、使用条件、时间限制等使用规范，安全、透明、精准地投放使用。将传统的扶贫资金层层摊派改为针对项目、个人的定向投放。

区块链上存储的数据，可靠且不可篡改，天然适合用于社会公益场景。公益流程中的相关信息，如捐赠项目、募集明细、资金流向、受助人反馈等，均可以存放在区块链上。在满足项目参与者隐私保护及其他相关法律法规要求的前提下，有条件地进行公开公示，方便公众和社会监督，助力社会公益健康发展。

3. 教育部门：学历信息、学术成果存证

利用数字化技术，解决现有的学生信用体系不完整、数据维度局限、缺乏验证手段等问题，简化流程并提高运营效率，及时规避信息不透明和容易被篡改的问题。在数字化平台中记录跨地域、跨院校的学生信息，追踪学生在校园时期的行为记录，构建良性的信用生态体系。此外，基于区块链为学术成果提供不可篡改的数字化证明，可为学术纠纷提供举证依据，减少纠纷事件消耗的人力与时间成本。

4. 公共资产（危化品）统一管理

政府利用物联网，对公共资产实现统一管理，或对需要进行安全管理的有形商品（如危化品等）进行跟踪溯源。公共资产管理系统结合区块链、物联网技术，可实现公共资产的采购、使用、升级的自动化及在线监管，提高公共资产管理的透明度，控制行政管理成本。例如，公车的使用情况可在线实时查询监控，增加违规使用成本。防伪溯源系统利用物联网技术建立起链上数字证明和链下实物商品的严格对应关系，利用区块链技术将物品流通全链条的信息输入权分散到多个机构或设备手中，大大提高造假成本、降低造假风险，实现透明公开的全流程信息管理管控。

3.3.4 案例：村社小微权力智慧监督系统

"一肩挑"是指村党组织书记、村民委员会主任和村级集体经济组织、合作经济组织负责人由同一人担任。2019 年中央一号文件（《中共中央　国务院关于坚持农业农村优先发展做好"三农"工作的若干意见》，2019 年 1 月 3 日发布）第七点指出："全面推行村党组织书记通过法定程序担任村委会主任，推行村'两委'班子成员交叉任职，提高村委会成员和村民代表中党员的比例。加强党支部对村级集体经济组织的领导。"全面推行"一肩挑"是贯彻落实党的十九大精神，加强基层组织建设，推进乡村振兴战略，确保党的路线方针政策和决策部署贯彻落实的具体体现。

"一肩挑"政策明显地解决了目前普遍的"书记和主任不和谐"，两者互相推诿扯皮的问题。解决这一问题重在提高决策效率和决策水平，使权责更加清晰明确。"一肩挑"政策的好处是：

➢ 有利于强化党对农村事业的全面领导：实行"一肩挑"后村党组织书记

兼任村委会主任和村级集体经济组织、合作经济组织负责人，有利于村党组织全面领导村级各项事业，从而巩固党在农村的执政基础。

➤ 有利于提高村干部办事效率：村党组织书记、村委会主任"一肩挑"后，在问题的决策、事务的处理上，减少了书记、主任的沟通、协调环节，避免了因为两者的意见不同导致事务的拖延，使决策能够快速实施，提高工作效率。

➤ 有利于增强村组织的凝聚力：实行"一肩挑"，村党组织书记、村委会主任双重职务于一人，有利于民主集中，在村中发出一种声音，形成一致步调，向着一个目标，消除了不必要的矛盾和摩擦，使村"两委"班子团结一心，协调一致，共谋发展。

"一肩挑"也存在潜在的隐患，即村社小微权力过分集中，容易出现"一把手一言堂"的情况，由此带来的权力运行风险不断加大，对"一把手"权力的监督还存在薄弱环节。从近年来巡视巡察和监督检查发现的问题来看，农村基层项目违规拆分、工程随意变更、资产违规处置、以权谋私、贪污挪用、优亲厚友、虚报冒领等问题时有发生。与此同时，基层纪委也面临监督力量不强、监督合力不够、监督质效不高的困境。

村社小微权力智慧监督系统针对村级组织换届"一肩挑"的新形势，对村社小微权力运行过程进行数字化改造，以程序性监督为主、实体性监督为辅，实现权力流程化控制。

村社小微权力智慧监督系统立足"监督的再监督"的职能定位，把基层群众最关心的村级采购、工程项目、资产处置、劳务用工、困难救助事项作为重点监督内容，建立决策、监督、公开、评价、制度以及激励这六个模块，明确每项权力的运行流程和监督节点，以定制化流程引擎、智能化 NLP（自然语言处理）识别引擎、规则化预警引擎、全景化大数据引擎、区块链信用引擎这五大引擎为技术支撑，实现对权力监督的自动化、智能化和智慧化（见图 3-10）。

图3-10　村社小微权力智慧监督系统

村社小微权力智慧监督系统综合利用各种数字化技术实现对村社小微权力运行的数字化再造与智慧化监督，具体表现在如下方面：

一是嵌入式监督。对小微权力运行流程进行数字化改造，实现小微权力运行过程的嵌入式监督系统。确定关键节点和监督要求，基于全景化大数据建立监督算法，设置规则化预警模型，由系统智能判别，对权力运行自动管控，实现由事后审计向事中实时监督的转变，有效防止基层在执行过程中"走捷径""抄近路"等问题。如图3-11所示，系统对村社权力运行流程进行了标准化，并且在权力运行过程中实时上传数据存证，避免出现村社权力运行"重结果、轻程序、事后补"等常见现象，这在某种程度上也是对基层干部履职程序正义的强制性保护。

二是智能化识别。运用AI图像识别和自然语言处理技术，自动识别并抓取决策决议、公示公告、合同协议以及财务凭证等资料中的关键性信息。通过运用AI图像识别技术，极大地避免了基层人员重复输入的情况，有效减轻工作负担。此外，为实现数据的高效衔接，未来可基于隐私计算技术实现与其他政务数据的互联互通。

图 3-11　小微权力运行的数字化改造和嵌入式监督

三是实时性预警。系统会根据纪检监察知识图谱形成预警运算规则，对小微权力运行过程的上传信息进行数据碰撞、交叉验证，对流程缺失、信息错配等问题发出预警提示。提示信息会实时推送给村干部和分管领导，疑似违纪违规的信息直接推送给乡镇纪委书记，明确问题的整改责任，推进"四责协同"的落实落地。

四是大数据分析。有效衔接社会大救助信息系统、农村"三资"管理系统，设计基于全景大数据的纪检监督模型和算法，通过数据比对、碰撞，注意可能发生的违纪违法问题与线索。同时，深入挖掘数据信息，发现重点领域可能存在的违法违纪行为。比如，在对村级工程中的相关数据比对时发现，在同一时段、同一区域内有若干个同一类型的工程，且施工单位为同一家、合同金额明显异常（接近招标价格），初步判定有疑似项目违规拆分问题。

五是全景式公开。系统设置有村务公开、财务公开，其中村务公开中内容由云计算系统自动推送，如村级采购中自动公开民主决策决议、采购清单、验收资料及结算凭证等信息。财务公开内容以群众视角进行细化分类，让基层群众看得懂、能监督。

六是交互式参与。基层群众通过监督系统的手机端对村务公开、财务公开等内容提出质询，村干部及时答复，提升群众的基层治理参与感。在此基础上，基层群众对村（社）班子从政治素质、联系群众、工作业绩、廉洁履职四个方面开展民主评价，对环境卫生、文化设施、平安建设、医养服务等民生痛点事项开展评价，群众通过"投票"等方式参与基层治理过程。

数字化改革是一场革命，是系统性制度重塑，是通过数字化改革"倒逼"体制机制的变革。村社小微权力智慧监督系统通过数字化改革推动了小微权力运行过程中的流程再造和制度重塑。

一是完善了基层监督机制。以小微权力监督为切口，牵引带动基层公权力的全面监督，推动基层治理的方式方法、流程标准重塑再造，完善村社资产出租、工程询价、临时用工等相关制度。同时，为防止村干部优亲厚友、与民争利等突出问题，出台了村社干部防止利益冲突情况报告制度，要求村党组织、村民委员会、村经济合作社以及村务监督委员会班子成员，通过个人申报的方式，主动上报本人及其近亲属在经商办企业、工程建设、买卖租赁等方面的利益冲突行为，将相关信息录入监督系统，由系统进行数据碰撞，及时发现利益冲突行为。

二是打通原有政务数据孤岛。实现政务在线多点登录入口的数据互通，手机端与电脑端数据实时互通，方便基层群众通过手机端参与村级事务监督。发挥区块链技术优势，确保存储的数据或信息"全程留痕""不可篡改""可以追溯"，提升智慧化监督时效。打破原有的数据孤岛，基于全景数据分析监督基层权力的运行。同时，通过基层小微权力行使全过程数据记录，形成权力运行轨迹点，精准发现履职履责过程中存在的问题。

三是动态分析政治生态。围绕清廉村居建设，制定基层政治生态指标体系，

设置政治清明、班子清廉、干部清正、村务清爽、民风清淳等 5 个一级指标、
17 个二级指标、45 个三级指标，并进行权重赋分，明确相关职能部门的工作职
责，定期或实时录入统计数据，构建基层政治生态分析研判系统，生成政治生
态热力图（见图 3-12），为每个基层组织定制政治生态"体检报告"。

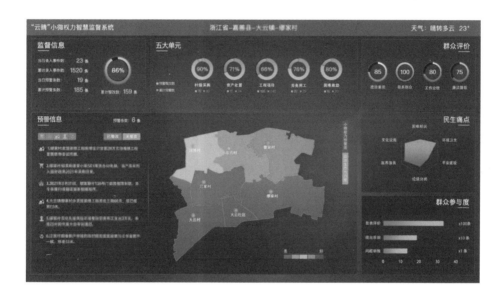

图 3-12　村社小微权力智慧监督系统驾驶舱

四是强化基层共建、共治、共享。围绕基层社会治理共同体建设，畅通群
众举报途径，基于区块链技术实现"芸豆"积分与奖励兑换制度，提升群众参
与基层小微权力监督的积极性和获得感。未来，可以进一步扩展"芸豆"的应
用场景，打造共建、共治、共享的基层社会治理共同体。

村社小微权力智慧监督系统是浙江省启动数字化改革后的首批"揭榜挂帅"
项目。该项目紧密贴近基层实际情况，针对村级组织换届"一肩挑"存在的权
力运行隐患，提出了数字化的应对方案。该项目的实施改变了对小微权力运行
过程监督的传统方式，**将传统的繁重的事后审计追责工作方式，改变为事前防
范和事中预警**。一方面在程序上提升基层干部的合规意识，保护基层干部少犯

错，另一方面在减少纪检人员工作压力的同时（预计人工智能、大数据等技术的应用可减少60％的传统工作压力），提升了纪检工作的透明度和可视化水平。

3.4　基于数据智能的精准决策分析

数字政府建设的目标，是对数据和信息进行智能分析、研判评价，推动科学决策和高效执行，打造智慧化平台中枢，支撑各级各系统应用创新。基于数据智能的精准决策分析，是汇聚跨领域政务数据进行融合治理、态势感知、探索分析、预测预警和数据共享的智能决策辅助系统，支持智能交互式增强分析，实现对决策业务进行事前判断、事中控制和事后反馈。

基于数据智能的精准决策分析帮助数字政府实现从"数字"到"数智"的跨越。"数字"阶段的主要任务是利用互联网、物联网的技术和入口构建人、物、内容和服务的连接能力，使政务服务方便触达更多人群，是政府数字化转型的起点。而"数智"阶段的主要任务是利用大数据、云计算、人工智能等新一代信息技术构建数据智能的应用能力，依托数据的实时共享，利用人工智能算法提供决策支撑和精准化的治理能力。

基于数据智能的精准决策分析在数字政府的应用场景有很多，本节以四个案例来说明数字化改革的必要性和对地方政府决策分析的重要性。

3.4.1　新时代的财政综合治税

2021年3月24日，中共中央办公厅、国务院办公厅印发了《关于进一步深化税收征管改革的意见》，明确提出"加快推进智慧税务建设。充分运用大数据、云计算、人工智能、移动互联网等现代信息技术，着力推进内外部涉税数据汇聚联通、线上线下有机贯通，驱动税务执法、服务、监管制度创新和业务变革"。

实际上，从 2015 年开始，服务业在我国经济总量中的比重已经超过 50%，标志着我国进入了服务型经济时代。[⊖] 新时代对地方政府的财政和税收管理带来了新的挑战。

图 3-13 显示了某区县区域经济 GDP 与税收来源占比背离，第三产业在经济总量中占比很高，但在税收中占比较低。在服务型经济时代，地方产业结构已经发生了变化，但是地方财政与税收的理念和手段没能跟上时代的变化，导致地方财政和税收压力不断增加。

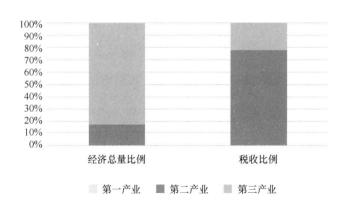

图 3-13　某区县 2018 年第三产业经济总量与税收比例

目前，地方财源税收普遍存在的困难和问题如下：

1）各部门的涉税数据分散：政府下属的各个部门都存在相关的涉税数据，通过这些数据相互之间的比对可以发现偷税漏税的问题，需要一个平台把分散的数据集中起来。

2）税源种类多：税费种类多、税源零星分散、易漏难征；纳税人与税务监

⊖ 江小涓，等. 网络时代的服务型经济：中国迈进发展新阶段 [M]. 北京：中国社会科学出版社，2018.

管部门信息不对称导致在税务征管中涉税信息精准性差、效率低。

3）税源集中度高：目前的税收 80% 以上都集中在一些重点企业，税收没能适应产业结构的变化，拓展关注新的税源。

4）纳税信息不对称：财政管理部门和地方行政部门无法了解企业纳税的详细信息，获取税收数据不及时，无法进行联合管控。

在服务型经济时代，综合利用大数据、人工智能、区块链等新一代信息技术，以税费保障平台为依托，以税源管理为核心，实现数据信息的互通共享，挖掘利用网络、第三方机构提供的涉税信息，有效解决税收漏管难征等问题；以对涉税信息的采集、分析、挖掘、比对为主线，逐步建立起以"政府领导、税务主管、部门配合、社会参与、司法保障、信息支撑"为主要内容的财源保障工作新机制。为政府提供利用"区块链 + 数据智能"管税的综合解决方案，构建服务型经济时代的智能税收理念和创新手段（见图 3-14）。

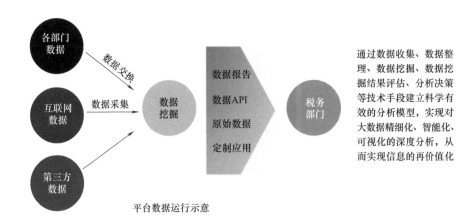

图 3-14　服务型经济时代数据智能管税综合解决方案

通过建设涉税数据交换平台，以政府数字政务网络为支撑，规范涉税信息的格式和标准，协调组织相关部门实现涉税相关信息的共享。为财政部门提供按时间、按部门、按税种、按产品进行的多维度统计分析、同比分析、环比分析；进行重点税源重点企业的排名，对重点税源监控。利用机器学习人工智能算法来预测未来一段时间的税收收入，也可以根据近几个月预测未来几个月的收入情况。

将企业纳税情况记入企业综合信用评价信息，反馈给政务平台。实现"先税后款""先税后验""先税后办""先税后审""先税后证"功能，实现针对重点税源的纳税信用联合管控（见图 3-15）。

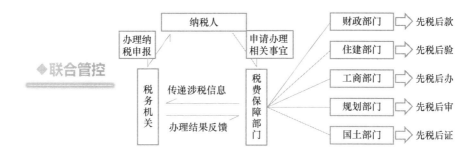

图 3-15　涉税数据与信用联合管控

针对服务型经济时代的产业特征，通过业务大数据交叉对比，智能核算服务业的应缴税额。例如，基于公安局驾校驾驶证发放信息估算驾校的真实经营情况，进而核算驾校应缴税额；基于某些餐饮企业用电信息，对比企业同比、环比的用电数据和缴税数据，估算与核定企业当期应缴税额；对于药店，采集医保中心提供的药店社保刷卡数据，通过大数据和深度学习算法分析估算药店真实经营情况并核定应缴税额。

3.4.2　县域经济体的乡镇经济运行分析

2003 年前后，随着农村税费改革的深化，我国进行了一次县乡财政体制改革，取消了乡镇（街道）一级的财政和金库。这在当时有利于弥补县与乡财政体制的缺陷，对财政职能的发挥和县域经济的协调发展产生了一定制约作用。

但是随着我国改革开放的深入进行，各地经济发展又导致县乡财政体制出现了新的问题，特别是江浙地区。江浙地区的经济发展以县域经济为主体，乡镇（街道）实际上是经济发展的一级责任单位。制度上的设计导致乡镇（街道）无法掌握本区域经济运行的真实情况，乡镇（街道）的财政收入不能得到及时准确的反映，预算编制不能充分反映当期的财力，进而影响乡镇（街道）经济的发展。

在“3. 4. 1 新时代的财政综合治税”小节中，我们依托区块链技术实现县域经济全景大数据的实时共享。再进一步，可以基于县域经济全景大数据为**乡镇（街道）**计算**虚拟金库**和经济信息数据，使基层政府可以及时了解财政收入任务的完成情况、辖区内的企业税收情况，便于基层政府有效安排资金支出和经济运行服务（见图 3-16）。

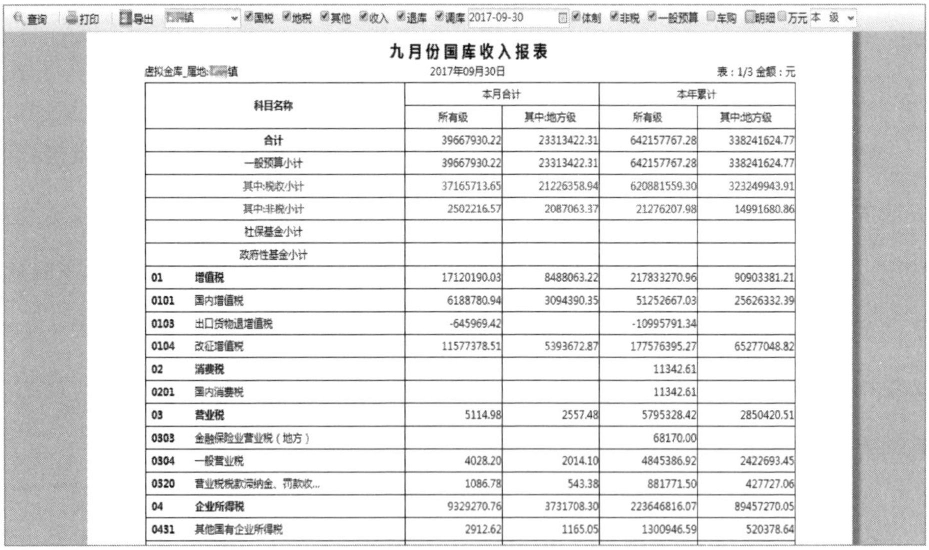

查询 打印 导出 [illegible]镇 国税 地税 其他 收入 退库 调库 2017-09-30 体制 非税 一般预算 车购 明细 万元 本 级

九月份国库收入报表

虚拟金库_属地:[illegible]镇　2017年09月30日　表：1/3 金额：元

科目名称		本月合计		本年累计	
		所有级	其中:地方级	所有级	其中:地方级
合计		39667930.22	23313422.31	642157767.28	338241624.77
一般预算小计		39667930.22	23313422.31	642157767.28	338241624.77
其中:税收小计		37165713.65	21226358.94	620881559.30	323249943.91
其中:非税小计		2502216.57	2087063.37	21276207.98	14991680.86
社保基金小计					
政府性基金小计					
01	增值税	17120190.03	8488063.22	217833270.96	90903381.21
0101	国内增值税	6188780.94	3094390.35	51252667.03	25626332.39
0103	出口货物退增值税	-645969.42		-10995791.34	
0104	改征增值税	11577378.51	5393672.87	177576395.27	65277048.82
02	消费税			11342.61	
0201	国内消费税			11342.61	
03	营业税	5114.98	2557.48	5795328.42	2850420.51
0303	金融保险业营业税（地方）			68170.00	
0304	一般营业税	4028.20	2014.10	4845386.92	2422693.45
0320	营业税税款滞纳金、罚款收...	1086.78	543.38	881771.50	427727.06
04	企业所得税	9329270.76	3731708.30	223646816.07	89457270.05
0431	其他国有企业所得税	2912.62	1165.05	1300946.59	520378.64

图 3-16　乡镇（街道）的虚拟金库和经济信息数据

县域经济体的经济全景大数据结合县域的地理信息大数据，可以构建乡镇（街道）的**税源地理信息系统（GIS）平台**。“以图视税、以地控税”，通过地图形式将税源、税收表现出来，方便基层政府定位税源地理位置、监控税源情况、跟踪税源变迁，直观了解税源分布、行业分布、税收分布及变化情况，分析税源、税收与地域之间的关系，为各级政府合理利用土地资源、规划产业带、发展经济区域提供良好的图形参考，通过地图直观展示企业分布及全景画像（见图 3-17）。

图 3-17　税源地理信息系统

3.4.3　城市碳中和多维评估体系与实现手段

2020 年 9 月 22 日，国家主席习近平在第七十五届联合国一般性辩论上宣布："中国将提高国家自主贡献力度，采取更加有力的政策和措施，二氧化碳排放力争于 2030 年前达到峰值，努力争取 2060 年前实现碳中和。"

2021 年 3 月 15 日，国家主席习近平主持召开中央财经委员会第九次会议，其中一项重要议题，就是研究实现碳达峰、碳中和的基本思路和主要举措，会议指明了"十四五"期间要重点做好的七大方面工作。这次会议明确了碳达峰、碳中和工作的定位，尤其是为今后五年做好碳达峰工作谋划了清晰的"施工图"。

把碳达峰、碳中和纳入生态文明建设整体布局，这事关中华民族永续发展和构建人类命运共同体。实现碳达峰、碳中和是一场硬仗，也是对我国治国理政能力的一场大考。

▷碳达峰是指二氧化碳的排放达到峰值不再增长，意味着我国要在2030年前，使二氧化碳的排放总量达到峰值之后，不再增长，并逐渐下降。

▷碳中和是指在2060年前，我国通过植树造林、节能减排、产业调整等形式，抵消自身产生的二氧化碳排放。

碳达峰、碳中和将会改变能源产业格局，重构整个制造业，会改变我们每个人的生活方式。

城镇化是人类文明进步的产物和国家现代化的重要标志，城市在碳减排管理、推动低碳发展转型，以及随之带来的改善空气质量、保障能源安全，进而改善数以亿计人口的健康和福利方面，有着不可或缺的作用。遵循和顺应我国新型城镇化发展规律、现代城市发展的新理念新趋势和建设人与自然和谐共生的现代化的新时代要求，坚持"生态文明，绿色低碳"的新型城镇化建设基本原则，推动城市低碳发展，不仅是解决城市发展中资源环境生态方面的现实矛盾和促进城市发展转型的三大基本途径之一，还是全球气候变化背景下考量城市综合竞争力和测度城市健康、可持续发展能力的重要维度之一。下面我们分别从低碳城市建设评价指标体系、碳中和评估体系可视化平台两方面做介绍。

1. 评价指标体系

低碳城市建设评价指标体系是用于测度、评估低碳城市建设进展、努力度和政策效率的指标和标准集合，是对既有低碳城市政策制定工具和方法的补充与完善。其中，指标是在信息统计、数据分析的基础上形成的对标准的定量和定性反映，可描述和表征特定城市在低碳城市建设中的坐标、设定的低碳发展目标体系和达标路径，比较特定类型城市的低碳发展的质量与工作效率。从低碳城市建设评价的宏观层面来看，标准与低碳城市战略、低碳城市规划、低碳城市政策一样，都体现了国家和省（市、自治区）推进低碳城市建设的理念和政策导向，是推动低碳城市从理论研究转向实践应用的重要技术准则。

碳中和多维评估模型如图 3-18 所示。

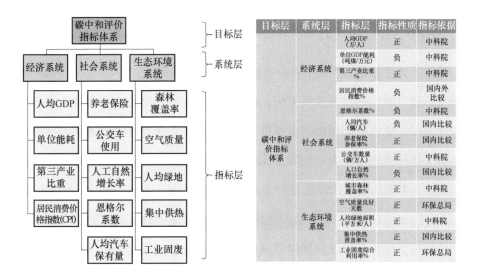

图 3-18　碳中和多维评估模型

开展低碳城市建设评价，旨在在反映城市发展的一般特征的基础上，通过突出"实现碳排放峰值目标、控制碳排放总量"的政策重点和"探索低碳发展模式、践行低碳发展路径"的实践需求，遵循城市碳排放及演变的自然与社会经济规律、低碳适用技术和产品研发部署的科学规律、低碳产业与城市融合发展的市场规律，以低碳城市建设实践经验为基础，对低碳城市建设进行具有最佳拟合优度的指标化的全景式描述及标准制定，从而为低碳城市建设进展监测和绩效评价提供技术支撑，为"全面建成小康社会"提供节能减碳情景下的质量保证，进而使得节能减碳内化为驱动国民经济发展和现代化经济体系建设的内生性制度因素，以实现低碳城市建设和发展质量测度的最佳秩序。

　　低碳城市建设评价的基本分析模式选择和分析框架构建是开展城市低碳发展质量测度的关键，评价指标的设立与应用则是低碳城市政策制定和建设管理的内生需求。不同的国际组织（机构）、科研院所和智库研究机构基于不同的研究领域和学科视角，通过构建低碳城市建设评价指标体系和智能化工具，从全球、国家（地区）、城市（部门/行业）等不同层面对低碳城市建设进展和效率进行整体评价和专项评价。以低碳经济为低碳城市建设评价指标体系构建的分析起点，不同的评价分析模式内含不同的政策框架重点和实践需求。

　　从数字化应用的视角看，评价指标工具的智能化逐渐成为国家（地区）推动低碳城市建设评价的重要发展方向，低碳城市建设（评价）决策支持系统的建立和使用不仅需融入低碳城市建设评价工作的全链条，从功能上看还是低碳城市建设评价工作的拓展和延伸，侧重于对低碳城市建设（评价）工作的管理决策支持。例如，生态低碳城市评价指标工具（Eco and Low-carbon Indicator Tool for E-valuating Cities，ELITE）是由美国能源部资助研发的评价工具，主要应用于智慧和韧性城市及城市基础设施建设领域，围绕生态低碳城市建设中的优先性问题选取了具有代表性的33个关键指标，通过与基准效率值进行比较，评价国内城市的生态低碳发展绩效；低碳城市框架和评价体系（Low Carbon Cities Framework and Assessment System，LCCF）是在马来西亚绿色乡镇项目（Green Township Pro-ject）下研发的一套评价特定城市的发展措施是否有利于降低其温室气体排放量的行动操作指南，旨在鼓励和促进低碳城镇概念在马来西亚的推广，增加城镇与本地区自然系统的兼容性，指导城市绿色解决方案的选择和决策；城市低碳发展政策选择工具（Benchmarking and Energy Saving Tool for Low Carbon Cities，BEST-Cities）是在能源基金会（中国）支持下，由中国能源建设集团有限公司研发的决策支持工具，主要通过对本地区城市部门（包括工业、公共和商用建筑、民用建筑、交通、电力和供热、街道照明、水和废水、固体废弃物、城市绿地部门）的 CO_2 和 CH_4 排放进行快速评估，为城市管理机构提供可用于减少温室气

体排放的政策选项。⊖

在低碳城市建设评价指标构建中，不同的指标包含了不同的经济活动统计和政策设计要素。构建评价指标体系须选取具有能反映样本城市低碳发展的普遍特征和潜力的指标，并且评价指标体系的制定者对影响评价结果的特定指标的选取，应说明其合理性；指标的选择、数据的可获得性与质量同样依赖于政策需求和应用方面的考虑。尤其在国际排名评价中，数据是否容易获得和可比较及统计数据生产过程的规范是选择评价指标的一个重要标准。从评价指标体系设计的创新过程来看，需从样本城市宏观经济、中观产业和微观排放主体方面，加强碳核算方法、评价指标体系的方法学选择和低碳发展政策绩效测度的内在一致性，推动指标体系的构建方法和操作使用方法的普遍公开和可获取，推动城市碳排放清单工具和低碳城市规划工具的智能化。常用的低碳城市竞争力模型如图 3-19 所示。

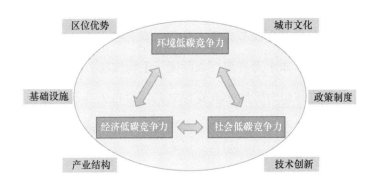

图 3-19　低碳城市竞争力模型

低碳经济评估体系主要涉及低碳产出、低碳消费、低碳资源以及低碳政策四个指标，低碳产出指标主要对低碳技术进行评价，低碳消费指标主要对消费

⊖ 周枕戈，庄贵阳，陈迎．低碳城市建设评价：理论基础、分析框架与政策启示 [J]．中国人口·资源与环境，2018，28（06）：160-169．

模式进行描述，低碳资源指标展示的是低碳资源条件及开发状况，低碳政策指标则反映政府部门对低碳经济的关注重视程度。⊖

一是低碳产出指标。对低碳化进行评价最常使用的指标就是碳生产力，这一指标已经得到业内的广泛认可。碳生产力实现了因消耗资源造成的碳排放与GDP 产出值的直接挂钩，可以对社会经济碳资源整体利用状况进行更加直观的展示。不仅如此，还可以对某一国家或地区，特定时期的低碳技术水平进行更加全面的衡量。低碳产出指标也涉及吨钢综合能耗、水泥综合能耗以及火电供电煤耗等关键产品的单位能耗指标，能够对重点行业单位工业增加值碳排放指标进行对比。

二是低碳消费指标。借助碳消费水平，可以立足于消费视角，对一个国家或经济体的人均碳需求及碳排放量进行综合评价。

三是低碳资源指标。低碳资源禀赋及利用程度一般涉及三大关键性指标，分别是零碳排放能源在一次能源中所占比例，森林覆盖率，单位能源消耗的二氧化碳排放因子等。诸如水力资源、太阳能、生物质能以及风能等属于可再生能源，此外，核能也被归为零碳排放资源之列，可再生能源、核能，再加上为缓解气候变化具有积极意义的森林碳汇，都为一个国家或地区低碳化目标的实现创造了有利的物质条件。

四是低碳政策指标。低碳经济的基本立足点就是经济发展的实际水平，同时还要尊重资源储备状况。发展低碳经济的一个基本前提就是对低碳经济的基本内涵要有全面客观的认识，并掌握低碳经济的发展趋势，在经济与社会发展战略规划的制定过程中，对能源结构清洁化、产业结构优化升级、技术水平的

⊖ 周枕戈，庄贵阳，陈迎. 低碳城市建设评价：理论基础、分析框架与政策启示 [J]. 中国人口·资源与环境，2018，28（06）：160-169.

改进、消费模式的转型以及碳潜力的充分发掘等各方面都予以全面考量。大量的研究结果充分证明，能源结构清洁化程度与单位能源消耗碳排放程度之间存在一定联系。具体来讲，就是随着能源结构清洁化程度的提升，单位能源消耗的碳排放程度逐步下降；与此同时，产业结构对部门碳产出效率也会造成一定的影响。对一个国家或经济体的低碳经济转型所作出的努力程度进行评估的重要指标就是：是否立足当地实际情况，制定科学完善的低碳经济发展战略规划；是否构建起碳排放监测、统计与监管机制；是否积极开展有关低碳经济的宣传教育，树立低碳经济观念；是否制定完善的建筑节能标准并且严格予以实施。除此之外，是否针对诸如小沼气、太阳能热水器以及生物质能等非商品能源制定相应的奖励机制。

2. 多维评估体系可视化平台

碳中和多维评估体系可视化平台是依托于低碳经济评估体系的评估结果，按照一定标准对地方低碳经济发展状况进行排序，在此基础上整理出数据计算与图形分析结果，从而更加直观地展示低碳经济的发展状况及评价结果。构建低碳经济评估体系可视化平台的意义在于，借助现代化信息技术对低碳经济评估体系的指标进行计算，实现低碳经济评估数据可视化，从而更加直观地认识和了解低碳经济发展状况，为有关政策的制定提供可靠依据。

碳中和多维评估体系可视化平台采用分层架构设计方案，该平台主要包括数据访问层、业务模型层以及表示层，每一层均有专属任务，相互分离，各司其职。数据访问层的作用是存储并保存信息与统计数据，同时将整理好的数据资料传输至业务模型层；业务模型层一般包括模型与算法两部分，是低碳经济评估体系可视化平台的关键内容，作用主要是对来自数据访问层的数据资料进行初步处理，根据对应的模型及算法完成数据计算操作，并将处理后的数据信息传输至表示层；表示层的作用是采取诸如柱状图、饼图等更加直观的方式展示来自业务模型层的数据信息。对于表示层而言，关键就是优化数据展示形式。碳中和多维评估体系可视化平台的功能特色如图3-20所示。

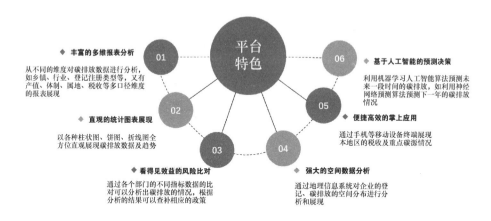

图 3-20　碳中和多维评估体系可视化平台的功能特色

碳中和多维评估体系可视化平台基于区块链打通政务数据孤岛，建设城市级（以县域经济为基本经济单元）全景经济大数据平台。进行区域经济碳排放大数据分析，计算经济发展的低碳效率、低碳质量，基于历史经济数据和碳排放数据，根据区域经济发展规划，预测未来区域经济的碳中和指数，如图3-21所示。

在区域经济碳中和评价体系下进一步深入，通过生命周期评价模型和碳足迹分析方法计算企业、家庭、项目、产品的碳排放核算，并进行直接/间接排放、输入/输出排放差异或贸易隐含碳的比较，解析碳排放结构和分布特征，提出打造建设低碳产业园区、低碳示范企业、低碳社区等低碳经济载体以提高样本地区碳排放效率的政策建议，以促进节能降碳目标与经济发展同步。

在碳中和多维评估体系可视化平台的赋能下，企业碳中和可以更加科学化：

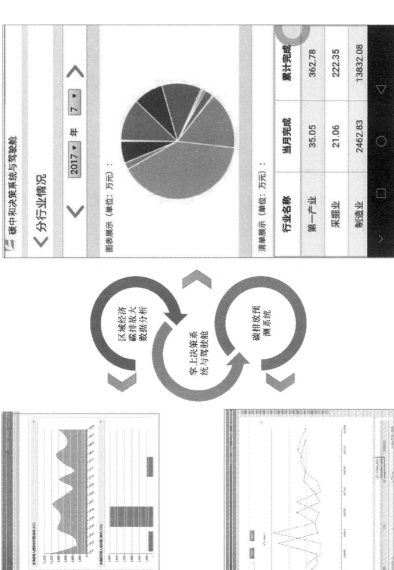

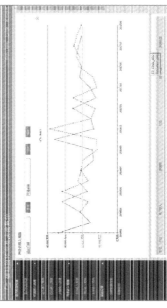

图 3-21　区域经济碳中和多维评估体系可视化平台示例

第一步：计算碳足迹，建立低碳体系

碳足迹计算是针对企业所有可能产生温室气体的来源，进行排放源清查与数据搜集，以了解企业温室气体排放源及量化所搜集的数据信息，是迈向实现碳管理的第一步。

第二步：减少碳排放

通过清查企业的排放源，详细了解企业的碳排放源及量，相应地制定一系列有效措施，从而减少因企业生产运营等活动所产生的碳排放。

第三步：实现碳中和

通过购买自愿碳减排额的方式实现碳排放的抵消，以自愿为基本原则，即交易的中和方式。碳中和的实现通常由买方（排放者）、卖方（减排者）和交易机构（中介）三方共同完成。

第四步：定期信息披露

针对企业定期计算阶段区间的碳排放数据，促使企业提升技术，节能减排。

3.4.4　城市地理信息大数据与灾害普查可视化

国务院办公厅于 2020 年 6 月 8 日发布《国务院办公厅关于开展第一次全国自然灾害综合风险普查的通知》（国办发〔2020〕12 号），定于2020～2022 年开展第一次全国自然灾害综合风险普查工作。灾害普查是一项重大的国情国力调查，是提升自然灾害防治能力的基础性工作。通过开展普查，摸清全国自然灾害风险隐患底数，查明重点地区抗灾能力，客观认识全国和各地区自然灾害综合风险水平，为中央和地方各级人民政府有效开展自然灾害防治工作、切实保障经济社会可持续发展提供权威的灾害风险信息和科学决策依据。

灾害普查对象包括与自然灾害相关的自然和人文地理要素，省、市、县各级人民政府及有关部门，乡镇人民政府和街道办事处，村民委员会和居民委员会，重点企事业单位和社会组织，部分居民等。普查涉及的自然灾害类型主要有地震灾害、地质灾害、气象灾害、水旱灾害、海洋灾害、森林和草原火灾等。普查内容包括主要自然灾害致灾调查与评估，人口、房屋、基础设施、公共服务系统、三次产业、资源和环境等承灾体调查与评估，历史灾害调查与评估，综合减灾资源（能力）调查与评估，重点隐患调查与评估，主要灾害风险评估与区划以及灾害综合风险评估与区划。

普查是统计调查的组织形式之一，是对统计总体的全部单位进行调查以搜集统计资料的工作，是为特定目的而专门组织的一次性全面调查。普查常用的手段和程序包括：单位清查、普查登记、数据采集报送、数据审核验收等。在信息化时代，普查的数据采集、审核和上报等已由填报纸质普查表并逐级审核上报的传统方式，转变为以电子设备现场采集数据为主和网上填报相结合的方式。在单位清查阶段全部采用手持移动采集终端（PAD）采集数据；在普查登记阶段，对重点单位实行联网直报，对非重点单位使用 PAD 和网络报送的方式进行数据采集；各级普查机构在线审核、验收上报的数据，实现对上报数据的质量监控。

信息化时代的普查软件或者系统仅仅是将传统的纸质手段与流程电子化，并没有改变传统普查存在的问题和痛点：易发生重复或遗漏；数据滞后，对现实指导性不强；工作量大导致普查数据质量无法保证；数据全面性、综合性不足。总而言之，传统普查方法及传统普查方法的电子化、信息化都面临的问题是：普查结果**"灰盒"** 特征明显，普查结果数据"看得见，用不到"。

在数字化时代，在灾害普查过程中，遥感、地理信息系统、大数据、云计算等技术将得到充分应用。利用地理信息系统的空间展示和管理功能，开展各类空间信息的统一管理、分析评估和制图；搭建云计算环境，构建数字化时代的灾害风险普查大数据管理与处理系统，并基于区块链技术搭建协同工作平台，探索建立多部门协同普查的长效工作机制，切实改变传统的"九龙治水"现象，打破部门数据的共享壁垒，探索形成灾害普查组织实施模式和普查队伍。

1. 基于数字化技术构建城市级三维地理信息大数据可视化平台

地理信息数据可视化主要是以地理信息科学、计算机科学、地图学、认知科学、信息传输科学与地理信息系统为基础，通过计算机技术、数字化技术、多媒体技术、虚拟现实（VR）技术等动态、直观、形象地表现、解释、传输地理空间信息并揭示其规律，是关于信息表达和传输的理论、方法和技术的一门学科。地理信息数据可视化借助于三维建模技术、计算机图形学和图像处理技术，将地理信息输入、处理、查询、分析以及预测的结果和数据以图形符号、图标、文字、表格、视频等可视化形式显示并进行交互。

地理信息数据可视化充分利用了地理信息技术提供的空间数据可视化的能力，将所有的行业信息处理整合成地理大数据，用地图的方式进行可视化表达，以完美的方式解决了大数据中的空间位置表达问题。同时，利用地理信息技术的空间分析能力，为地理大数据涉及的大量的空间分析提供了处理能力，在空间维度上初步实现了大数据分析。

地理信息数据可视化是地理大数据应用的"最后一公里"，涵盖了不同的规模，小到单个房屋，大到全球海量的地景数据。从本质上说，地理信息数据可视化开发了人类的空间思维能力，使人们能够更加容易发现隐藏在空间位置背后的复杂关系，提供了对隐藏现象的清晰认识，缩短了搜索时间并揭示事物之间可能被忽略的关系。比起使用文本或数字描述，地理信息数据可视化能够更加有效地帮助用户进行分析和学习，是一种用于探索、分析、综合和表达的强大的研究方法。地理信息数据可视化用地图的方式提供了独一无二的工具，让人们可以对庞大、复杂、无法直接观察的空间信息数据进行分类、表达和交流。

数字化技术的发展可以综合利用卫星遥感、无人机飞行拍摄、车载拍摄、地面人工拍摄等多种影像采集方式，对多种尺度（大、小）、多种场域（片区、线路）、复杂地貌（大高差、水面）等各种地形进行拍摄，定制整合拍摄的影像与三维激光扫描数据，进行高精度（厘米级）的地理信息数据采集；通过后期建模与数据处理真实还原各种复杂地形地貌，数字化重建任意给定地点及视角的真三维模型平面图、透视图、轴测图。地理信息数据可视化系统结合虚拟现实技术，可以让使用者仿佛身临其境，如图 3-22 所示。

基于数字化技术构建的三维地理信息大数据可视化平台可以任意测量城市的各种数据，包括距离、高度、面积、体积，无传统方式采集的缺失与偏差。基于数字化技术构建的地理信息大数据可视化平台可以用全景数据的方式完成城市级建筑、交通、园区、设施等相关领域的承灾体普查数据收集，并融合其他部门的人口与经济信息数据，以可视化的方式展现出来，突破传统灾害普查的思维方式和局限。

2. 基于灾害历史信息收集建设灾害普查可视化系统

基于数字化技术构建地理信息大数据可视化平台仅仅用可视化的方式展现了城市建筑与交通的现状。按照国家减灾委员会、国务院第一次全国自然灾害综合风险普查领导小组的要求，全国自然灾害综合风险普查的主要目标包括：

1）摸清自然灾害风险隐患底数。全面获取全国地震灾害、地质灾害、气象灾害、水旱灾害、海洋灾害、森林和草原火灾 6 大类 22 种灾害的致灾信息，以及人口、房屋、基础设施、公共服务系统、三次产业、资源和环境等重要承灾体信息，掌握历史灾害信息，查明区域综合抗灾能力。

图 3-22　基于数字化技术构建三维地理信息大数据可视化平台

2）把握自然灾害风险规律，提出全国自然灾害综合防治区划和防治建议。

3）构建自然灾害风险防治的技术支撑体系，建立全国自然灾害综合风险调查评估指标体系，形成分区域、分类型的国家自然灾害综合风险基础数据库。

要完成上述目标，需要在收集地理信息大数据的基础上，完成自然灾害历史数据以及致灾因子的数据收集工作，将自然灾害的致灾因子和历史数据与地理信息大数据进行融合，进一步建设基于地理信息的灾害普查可视化系统，如图 3-23 所示。

3. 群防群治灾害预防的动态数据更新机制

灾害普查工作的一个重要目标是探索建立多部门协同灾害普查的长效工作机制，以及探索形成灾害普查组织实施模式和普查队伍。

按照与自然灾害防治任务的密切程度，自然灾害群防群治涉及的人群可简单分为四类：救灾委各成员单位、镇（村）级行政单元、社会救援力量、广大市民。建立群防群治的自然灾害预防的动态数据更新机制，需要综合救灾委各成员单位的技术指导、村镇行政单元的动员组织能力、社会救援力量的专业能力，以及广大市民的积极参与度。

为此，基于区块链技术搭建群防群治灾害预防系统[⊖]，一方面，基于地理信息大数据平台可视化更新重点灾害预防区域的最新情况（基于图片可以实现人工智能风险识别）与数据；另一方面，充分激励广大市民，主动上报与巡查城市范围内的灾害隐患。灾害预防领域的专业部门，定期对社会救援力量和广大市民进行技术指导和培训，逐渐形成一支可靠、专业的灾害普查与灾害救助社会力量，形成全民防灾、全民抗灾的新格局，如图 3-24 所示。

　⊖　关于区块链通证经济及其在社会治理共同体建设中的应用，请参见本书第 4 章相关内容。

图3-23 基于自然灾害历史信息收集建设灾害普查可视化系统

图 3-24　基于区块链技术的群防群治灾害预防系统

4. 基于人工智能的区域灾害预测预防

科学评估各地区灾害的综合风险水平，制定科学实用的灾害综合防治区划，才能够以最大限度减轻灾害风险，为推动经济社会高质量发展提供强有力的支持。

融合了城市级地理信息大数据的灾害历史数据，随着数据的积累，可以进一步细化到城市区域的灾害特征（包括土质特征、水文特征、建筑特征等），这些特征数据可以与更宏观的气象数据（如台风等自然灾害实时数据）相结合，基于数据智能算法，针对不同的宏观气象等灾害数据，预测城市内不同区域的可能灾害以及指导提前预防措施，如图 3-25 所示。

5. 纵横一体、平战结合的救灾减灾指挥系统

自然灾害普查的目标是为了更好地救灾减灾。在基于地理信息大数据的数字化系统的基础上，结合应急管理部门现有的人员和物资等数据，综合利用5G、物联网、全景摄像与直播技术，可以建设纵横一体、平战结合的救灾减灾指挥系统，让自然灾害发生现场可视化，使救灾减灾过程中政府的人员与物资的调配决策更加精准，如图 3-26 所示。

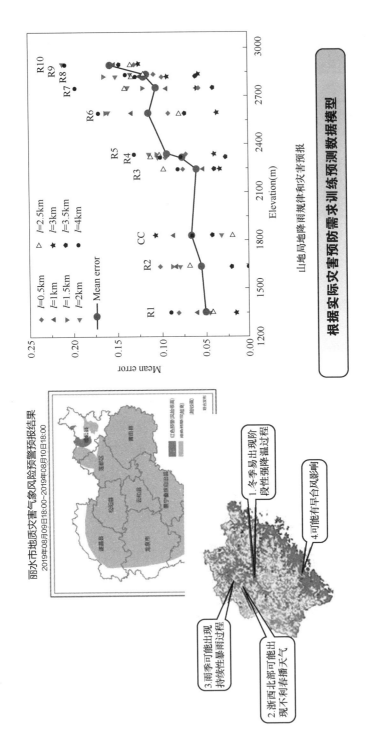

图 3-25 基于数据智能的区域灾害预防

图 3-26　基于地理信息大数据的可视化救灾减灾指挥系统

　　当前我国数字政府建设已进入全面提升阶段，数字政府成为推进服务型政府建设的重要抓手、一体化政府建设的重要助推器、提升治理智慧化水平的重要工具。在数字政府建设中，"数字"是手段，"智慧"和"治理"是目标。在"治理"层面，将社会信用体系建设与数字政府建设紧密关联起来，使"信用"贯穿行政管理与社会治理的全过程，并进一步将信用与全景数字身份关联起来，实现基于信用的分级分类联合奖惩。在"智慧"层面，一方面基于区块链实现行政过程的不可篡改，从而通过技术实现权力运行的制衡与约束，在事前和事中威慑并防范违规事件的发生；另一方面，政府拥有社会、经济运行的全景大数据，数据智能的综合运用将极大提升政府决策的智慧化水平和运行效率。

Chapter Four

第4章

通证化社会治理共同体

4.1 通证经济与社会治理共同体

4.1.1 社会治理共同体的古今实践

党的十九大报告提出，加强社区治理体系建设，推动社会治理重心向基层下移，发挥社会组织作用，实现政府治理和社会调节、居民自治的良性互动。党的十九届四中全会通过的《中共中央关于坚持和完善中国特色社会主义制度 推进国家治理体系和治理能力现代化若干重大问题的决定》提出，坚持和完善共建共治共享的社会治理制度，建设人人有责、人人尽责、人人享有的社会治理共同体。

社区治理共同体既是当前我国社区管理创新的现实基础，又是完善国家治理能力现代化、创新社会建设与社会管理体制机制的重要举措。我国城市社区遇到社区组织碎片化、社区公共性衰落、社区生活个体化三大新困境，社区治理共同体成为化解城市社区问题的有效理念。社区治理共同体以政府、社区、社会组织和居民为主体，以社会再组织化为手段，以实现社区多元主体共同治理为根本目标。社区治理共同体是国家与社会、政府与社会、国家参与社会的自治组织实现合作主义的具体实践。这不仅有利于激发社会活力，更有利于加强基层社会建设，创新社会治理体制。

早在春秋战国时期，商鞅变法便进行了有记录的最早的社会治理尝试。《商君书·禁使》中论述道："人主之所以禁使者，赏罚也。赏随功，罚随罪。故论功察罪，不可不审也。夫赏高罚下，而上无必知其道也，与无道同也……故恃丞、监而治者，仅存之治也。通数者不然也。别其势，难其道，故曰：其势难匿者，虽跖不为非焉……且夫利异而害不同者。先王所以为保也。故至治，夫妻、交友不能相为弃恶盖非，而不害于亲，民人不能相为隐……利合而恶同者，父不能以问子，君不能以问臣。吏之与吏，利合而恶同也。夫事合而利异者，先王之所以为端也。"⊖基于上述理论，商鞅制定了赏罚严明的制度，并"五家为伍，十家为什"编订户口，实行连坐法。实行连坐法的目的，就是要使人民互相保证，互相连接，一人有罪，五人连坐，即使是盗跖⊜也没有办法为非作恶。

商鞅通过连坐法及相关赏罚制度实现了群体利益与个人利益一致化，这与美国 20 世纪 70 年代进行的通证经济（Token Economy）研究有异曲同工之妙。

通证经济是建立在斯金纳的操作条件反射理论和条件强化原理的基础上，形成并完善起来的一种行为疗法。通过某种奖励系统，使目标人群所表现的良好行为得以形成和巩固，同时使其不良行为得以消退。通证经济在污染治理、能源节约、工作绩效评价、现实社区自治、种族融合、军事训练、社区与社会

⊖ 简译如下：国君役使和限制臣下靠的是赏赐和刑罚。赏赐依据功劳，刑罚根据罪行。所以论定功劳、调查罪行，不能不审慎。赏功罚罪，但国君不确知其中的道理，那同没有法度是一样的……因此依靠辅佐和监察人员治理国家是暂时的。通晓治国方法的国君不会这样。分散他的权势，使谋私之道困难，所以说，当他的势力难以隐瞒私利之时，即使他像盗跖那样凶恶也不敢做坏事……而利害不同，才是古代君主用以互相保证的方法。所以好的政治，是夫妻、朋友都不能互相包庇罪恶，这不是不顾念亲情，而是人民不容他们隐瞒……利益一致、罪恶相同的人，父亲不能追究儿子，君主不能追究臣下。官吏与官吏就是利益相同而罪恶也相同。只有事务相关而利益不同的人们，才是帝王建立互相保证的根据。

⊜ 中国民间传说中，在春秋时期率领盗匪数千人的大盗。

制度设计等方面进行了广泛的社会实践。⊖通证经济的研究成果在社会治理共同体的建设中将发挥重要的指导作用。

例如，昆明金沙社区"小金豆构筑大平安"本质上就是通证经济在社会治理中的具体应用，如图 4-1 所示。

■ 金沙社区"警务雷达、金豆兑换、卫星布防"警民联动模式，社区志愿者可上报各类信息和案件，经核实后，上报人可获取相应的金豆。若上报案件需要紧急处置，平台工作人员可立即将案件通过"警务雷达"系统派遣给当前辖区正在巡逻的治安队员和志愿者进行处置，参与案件处置的人员也可获取金豆。

■ 建立起了志愿者群防群治防控网，近 800 名"金豆哥"散布在社区的各个角落，有效改善了社区治安状况。

■ 志愿者们积攒的金豆，可以到社区内的 100 多家金豆兑换商家进行消费。志愿者的金豆除了消费，还可以捐赠给社区的特殊人群。社区成立了"金豆基金"，将募资的所有款项直接汇入昆明市青少年发展基金会账户。每月根据系统记录金豆兑换明细，以现金形式将兑换金豆返还"金豆商家"，并定期公开基金用途及明细。

■ 社区警情同比下降至少 60%，案件同比下降至少 40%，金沙社区也从之前的"脏、乱、差、案件高发"社区变成盘龙区治安良好的平安社区。

图 4-1　昆明金沙社区社会治理实践

数字化技术结合通证经济，将解决通证经济运行过程中的公平性和成本性问题，提高通证经济建设社区治理共同体的投入产出比，加速把通证经济的成功经验在全社会进行复制应用。

4.1.2　通证经济及其经济学基础

通证经济，1972 年源起于行为医学领域，是在斯金纳的操作条件反射理论

⊖　KAZDIN A. The Token Economy：A Review and Evaluation［M］. New York：Springer, 1977.

和条件强化原理的基础上，形成并完善起来的一种行为疗法。它通过某种奖励系统，使目标人群所表现的良好行为得以形成和巩固，同时使其不良行为得以消退。随着研究与实践的深入发展，通证经济在污染治理、能源节约、工作绩效评价、社区治理、种族融合、军事训练、社会制度设计等方面进行了广泛的社会实践，并获得了良好的效果。1977 年美国宾夕法尼亚州立大学的阿兰·卡兹丁（Alan Kazdin）教授对通证经济进行了系统的总结与评估。[⊖]

在传统行为学研究领域，通证作为阳性强化物，可以用不同的形式表示，如用记分卡、筹码和证券等象征性的方式。通证具有与现实生活中"钱币"类似的功能，即可换取多种多样的奖励物品或研究对象所感兴趣的活动，从而获得价值。用通证作为强化物的优点在于不受时间和空间的限制，使用起来极为便利，还可进行连续的强化；只要研究对象出现预期的行为，强化马上就能实现。用通证去换取不同的实物，可满足受奖者的某种偏好，可避免对实物本身作为强化物的那种满足感，而不至于降低追求强化（即奖励）的动机。在研究对象出现不良行为时还可扣回通证，使阳性强化和阴性强化同时起作用而造成双重强化的效果。

通证经济是基于通证打造共建、共治、共享的产业与社会治理生态的方法论体系。在数字化技术的赋能下，数据确权和交易追溯将部分解决科斯定理衍生出的产权确权问题，并大幅降低交易成本，进而使得产业组织方式与公司组织方式发生变化，基于信息和信用互联的分布式自治组织将成为新的微观经济组织形态。基于博弈论的新制度经济学将成为通证发行与激励规则设计的经济学基础。

1. 科斯定理与交易成本理论

1937 年罗纳德·哈里·科斯发表了著名的《企业的性质》论文，该文独辟

⊖　KAZDIN A. The Token Economy：A Review and Evaluation［M］，New York：Springer, 1977.

蹊径地讨论了产业企业存在的原因及其扩展规模的界限问题，并创造了"交易成本"（Transaction Costs）这一重要的范畴来予以解释。科斯创造性地以交易成本来解释企业的存在以及区分企业与市场的边界，在经济学史上具有重要意义。他因这一理论于1991年获得瑞典皇家科学院颁发的诺贝尔经济学奖。

科斯以"交易成本"这一微观概念为维度，解释了企业与计划为何存在于市场之中，以交易成本大小识别市场与企业、市场与计划的边界。所谓交易成本，即"利用价格机制的费用"或"利用市场的交换手段进行交易的费用"。科斯认为，当市场交易成本高于企业内部的管理协调成本时，企业便产生了。企业的存在正是为了节约市场交易费用，即用费用较低的企业内部交易代替费用较高的市场交易；当市场交易的边际成本等于企业内部的管理协调的边际成本时，就是企业规模扩张的界限。

从交易成本维度，区分国家机制、市场机制、企业机制。当交易成本很低时，市场机制发挥作用；当交易成本高于企业内部协调成本时，企业出现并以内部计划的方式实现资源配置；当交易成本高于政府生产、分配、保障公共产品的成本时，国家机制发挥作用。在经济系统中，企业机制的微观计划、市场机制的中观调节与国家机制的宏观调控共同促进资源高效、合理配置。

市场机制应该是在很早就产生了，像万有引力般存在于人类社会经济系统中。有商品就有交换，有交换就有市场。市场通过价格机制自动调整供需，像超级计算机一样实现资源优化配置。国家机制是人类协作的创举，是由居高不下的交易成本倒逼形成的。与交易相比，有时掠夺的成本要低得多，但相互掠夺与担心被掠夺极大地阻碍了人类的协作与交易，于是通过协商实现协作、完成交易、保护私权的公共机制，即国家机制产生了。

2. 博弈论与机制设计理论

自1994年以来，博弈论的研究者们六次荣获诺贝尔经济学奖，这在历史上是绝无仅有的。其中，2007 年的诺贝尔经济学奖颁给了莱昂尼德·赫维奇、埃里克·马斯金、罗杰·迈尔森这三位美国经济学家，以表彰他们在创建和发展"机制设计理论"（Mechanism Design Theory）、推动博弈论的应用方面所做出的贡献。

机制设计理论是研究在自由选择、自愿交换、信息不完全及决策分散化的条件下，能否设计一套机制（规则或制度）来达到既定目标的理论。机制设计理论是当代经济学的一个热门领域。机制设计理论可以看作博弈论和社会选择理论的综合运用。简单地说，如果假设人们是按照博弈论所刻画的方式决策并行动的，并且设定按照社会选择理论，个体对各种情形都有一个社会目标存在，那么机制设计就是考虑构造什么样的博弈形式，使得这个博弈的解就是社会目标，或者落在社会目标的集合里，或者无限接近于它。机制设计理论和所谓的信息经济学几乎是一回事，只不过后者有不同的发展线索，但毫无疑问所有信息经济学的成果都可以在机制设计的框架中处理。

人们所面临的是一个信息不完全的社会，由于任何人或者机构没有也不可能掌握其他人的所有私人信息，因此在社会经济活动中会遇到很大的决策问题。正是由于所有个人信息不可能完全被一个人掌握，人们才希望分散化决策。用激励机制或规则这种间接控制的分散化决策方式，来激发个体做机制设计者（规章制订者）想做的事，或实现设计者想达到的目标。这是机制设计理论所要研究的问题。

机制设计理论包括信息理论和激励理论，并用经济模型给出了令人信服的说明。机制设计理论的模型由四部分组成：①经济环境；②自利行为描述；③想要得到的社会目标；④配置机制（包括信息空间和配置规则）。

机制设计理论主要解决以下两个问题：

一是信息成本问题，即所设计的机制需要较少的关于消费者、生产者以及其他经济活动参与者的信息和信息（运行）成本。任何一个经济机制的设计和执行都需要信息传递，而信息传递是需要花费成本的。

二是机制的激励问题，即在所设计的机制下，使得各个参与者在追求个人利益的同时能够实现设计者所设定的目标。任何机制设计，都不得不考虑激励问题。要实现某个目标，首先，要使这个目标是在技术可行性范围内；其次，要使它满足个人理性，即参与性，如果一个人不参与机制提供的博弈，因为他有更好的选择，那么机制设计就是虚设的；最后，它要满足激励相容约束，要使个人在自利行为下自愿实现制度的目标。

可以说，由莱昂尼德·赫维奇开创，并由埃里克·马斯金和罗杰·迈尔森加以发展运用的机制设计理论的基本思想和框架，已经深深地影响和改变了包括信息经济学、规制经济学、公共经济学、劳动经济学等在内的现代经济学的许多学科。目前，机制设计理论已经进入主流经济学的核心部分，被广泛地运用于垄断定价、最优税收、契约理论、委托代理理论以及拍卖理论等诸多领域。许多现实和理论问题如规章或法规制订、最优税制设计、行政管理、民主选举、社会制度设计等都可归结为机制设计问题。

3. 通证经济的制度设计原则

通证经济设计就是对于给定的一个经济或社会目标，在自由选择、自愿交换、分散决策和不完全信息等诸多前提下，设计出一套通证机制，使社会中每个当事人的个人利益与给定的目标一致，从而"借风使船"来实现给定目标。从这个角度而言，通证的作用就是通过制度博弈将集体利益转化为个人利益，将长期利益转化为短期利益。

根据"机制设计理论"，制度博弈具有如下特征：

第一，制度博弈是一种可变结构博弈。博弈主体、策略、顺序等构成要素不是固定不变的，而是可以人为设置和调整的。例如，在信用评价制度中，选择个人作为考核对象，还是选择团队作为考核对象，博弈主体全然不同，这就为制度设计提供了多重选择。

第二，制度博弈是一种复合利益博弈。博弈各方争夺的利益对象，可能同时有多种，或经济利益，或权力地位，或荣誉称号，是多元的、复合的、并存的，这就为制度设计提供了多种手段。

第三，制度博弈是一种有限追求博弈。博弈各方所追求的，往往并不是"利益最大化"，有可能连自己的最大利益是什么都未必清楚。因而博弈主体愿意接受的结果，大多数情况下并不是一个精确数值，而是一个数量范围，这就为制度设计提供了弹性空间。

制度必须基于博弈均衡，反过来，调整博弈结构就可以得到新的制度，这就为制度设计提供了指导思想与方法论。

第一，调整博弈主体。譬如在信用评价考核中，以个人作为考核对象，则是个人与考核机制进行博弈，采用团队考核，则是团队与考核机制进行博弈。博弈主体发生了变更，进而使博弈结果发生改变。

第二，调整博弈策略。譬如不玩"石头剪刀布"，改玩"老虎杠子虫子鸡"，博弈策略就发生了变化，使博弈结果发生改变。

第三，调整博弈次序。如将"我先你后"的出招顺序改为"你先我后"，就会导致博弈结果发生改变。

第四，调整博弈信息。信息是离散化分布的，每个人都掌握一些，每个人又都不完全掌握。将不完全信息变完全，将不对称信息变对称，或者反其道而行之，博弈结果也会发生改变。

第五，调整博弈收益。将与博弈结果相挂钩的收益重新安排，反过头来也会影响博弈结果。

根据通证经济在不同领域的应用，基于通证经济的共同体有以下三类：

1）产业共同体：将一个产业的设计、采购、生产、流通等各个环节统筹考虑，将核心企业与产业上下游，甚至与最终消费者实现信息与信用连接，基于通证经济实现利益共享，重建产业链条的商业信用形成机制，打造新型的产业共同体。

2）消费共同体：消费共同体的关键，是让消费者也能参与商品生态增值的分配。把原来的消费者角色转化为生态共建者，他们可以承担投资者、推广者、生产者等不同的角色，充分发挥消费者的力量。这样信息不对称与信任不对称被全面打破，将会实现 C2B（消费者对企业）产销合一的生产范式。

3）社会治理共同体：党的十九届四中全会明确提出要建设人人有责、人人尽责、人人享有的社会治理共同体。社会治理共同体建设突出"人人"，是强调在建设人人有责、人人尽责、人人享有的社会治理共同体的过程中，每个社会成员都是主体，均有参与的责任与义务，同时强调了社会治理成果将为人人共享。

通证经济制度的两大核心是组织制度和交易制度，负责经济效益产出以及经济效益分配。组织制度和交易制度需要构建一种紧密而制衡的关系，以防止通证的垄断和操纵。经济体系具备风险性、激励性和流动性三大维度。好的经济制度要做到风险可控、激励最大化和强流动性。风险性和激励性具有一定的正相关性，在完全竞争市场中，高收益、强激励、高风险，但是高风险不一定是强激励。流动性对风险性和激励性有一定的影响，流动性提供了退出机制，有激励作用，同时转移了风险。但是流动性过高，带来了更多不确定性，也会增加风险，伤害激励性。让更多主体参与进来，实现权益降维、分权和流动性，可以增加激励性和分摊风险。

现实社会中的股票和货币为通证经济模型设计提供了绝佳的参考。股票是一种通证，构建了以股份公司和股票市场为核心的通证经济体系；货币也是一种通证，构建了以央行和金融市场为核心的通证经济体系。

4.2　个人信用评价及数字化技术的应用

4.2.1　公民信用积分的国内实践

为了加快社会信用体系建设，国家颁发了《社会信用体系建设规划纲要（2014－2020 年)》（以下简称《纲要》)，在《纲要》中提出了进一步加快个人诚信记录建设，健全跨地区、跨部门、跨领域的守信联合激励和失信联合惩戒机制，使守信者受益、失信者受限，营造"守信光荣、失信可耻"的良好社会氛围。

作为社会主义核心价值观的重要内容，诚信是公民基本道德规范，是社会主义市场经济的重要基础。社会诚信是指在整个社会生活中逐渐形成的诚实守信的社会风气。社会诚信的形成不仅包括个人诚信，还包括在社会生活中被广泛认可的道德及规则。社会信用体系建设需要设计出一种能反映人们在诚信道德领域的数据模型，依据标准化数据，数字化各种诚信荣誉，使用矩阵化模式对海量信用信息进行收集、转化和做大数据分析，并重构为"个人的数字画像"。

调动各界力量对信用状况良好的市民实施守信激励，全面提升群众对社会信用体系建设的获得感，营造诚实守信的社会氛围，是推出信用积分激励场景的初衷所在。信用积分体系在常规的法律和行政手段之外，创建了道德规范层面的奖惩措施，是社会信用治理领域的创新。

2020 年 1 月 1 日正式实施的《大连市文明行为促进条例》（以下简称《条例》）及其提出的"文明行为信用积分"，是把道德要求贯彻到法治建设中，以法治承载道德理念的重要实践。

使社会主义道德要求体现在立法、执法、司法、守法之中，以法治的力量引导人们向上、向善，是制定《条例》的应有之意，也是常态化、长效化推进文明城市建设的重要保障。《条例》对见义勇为、志愿服务、慈善捐赠、捐献救人以及紧急救助等行为，细化了鼓励与支持措施；《条例》将养犬扰民、车窗抛物、机动车不礼让行人、驾驶中使用电话、行人闯红灯等群众反映突出的重点不文明行为纳入条例中，以形成文明行为规范。《条例》还将践行绿色、低碳、环保、健康的生活理念，从源头减少生活垃圾的产生量，主动做好垃圾分类等文明生活行为规范写入法规。

《条例》明确规定建立文明行为信用积分制度，将公民的文明行为信用积分纳入统一的社会信用体系，对公民的文明行为给予激励。

与行政相对人的数字身份相结合，可以实现信用积分的获取、使用、修复、共享、披露的全周期管理。其中信用汇总积分作为公共数据，在政府信用门户网站可公开查询；信用详细数据属于个人隐私，需要建立安全保护机制以及授权查看机制。

信用积分将对行政相对人的公、检、法、司等相关部门的遵纪守法数据，政府各部门的行政管理信息的大数据，以及在日常生活或商务场景中的履约情况进行智能分析，形成综合信用评价。

4.2.2　个人信用评价的技术演进

1. FICO（费埃哲）信用评分方法

美国三大信用管理局都使用 FICO 信用评分方法。FICO 信用评分方法的实质是应用数学模型对个人信用报告信息进行量化分析，但 FICO 信用评分的计算方法从未向外界公布过。

FICO 信用评分各部分因素的大致权重为：以往支付历史占 35%，信贷欠款数额占 30%，立信时间长短占 15%，新开信用账户占 10%，信用组合类型占 10%。FICO 信用评分的理论分值在 300~900 分，评分越低，表明信用风险越大。

FICO 信用评分计算的基本思想是把借款人过去的信用历史资料与数据库中的全体借款人的信用习惯做比较，检查借款人的发展趋势跟经常违约、随意透支，甚至申请破产等各种陷入财务困境的借款人的发展趋势是否相似。在美国的各种信用分的计算方法中，FICO 信用评分方法的准确性最高。据一项统计显示，信用分低于 600 分，借款人违约的比例是 1/8；信用分介于 700~800 分，违约率为 1/123；信用分高于 800 分，违约率为 1/1292。因此美国商务部要求在半官方的抵押住房业务审查中使用 FICO 信用评分。

2. 基于大数据的信用评价方法

ZestFinance 公司认为所有数据都可以用来做信用评估，并不只是消费的信息才可以用作信用评估。类似 FICO 这样的传统信用报告是根据单个信息来判断的，任何不小心造成的单个信用违约历史都会成为"污点"。但是大数据信用评价不是根据某一项数据得来的，而是综合数据信息进行判断。

ZestFinance 的目标群体属于"次贷人群"，即信用记录不完整的人群，但只要有合适的征信手段，制定科学的利率水平与风险控制手段，就可以满足他们的金融需求。上述群体的信用很难评价，传统的信用评分模型一般用 50 个变量和一个预测分析模型。ZestFinance 会用到 70 000 个变量、10 个预测分析模型，如欺诈模型、身份验证模型、预付能力模型、还款能力模型、还款意愿模型以及稳定性模型，多角度学习评分。ZestFinance 针对不同的贷款情境，比如助学贷款、法律收款、次级汽车抵押贷款等开发了不同的信用评估模型。

ZestFinance 使用的模型与常规的信用评估体系相比，效率提高近 90%，在 5 秒内，就能对每位信贷申请人的超过 1 万条原始数据进行分析，并获得超过 7 万个可对其行为做出测量的指标。放贷后的首次还贷违约率也明显优于传统征信（见表 4-1）。

表 4-1　美国借贷市场两种信用风险评估模式的比较

	传统风险评估	大数据风险评估
代表公司	FICO、Lending Club	ZestFinance、Kabbage
服务人群	有丰富借贷记录的借款人	无信用记录或信用记录不好的借款人
数据来源	借贷数据	借贷数据、网络数据、社交数据
数据格式	结构化数据	结构化数据 + 大量非结构化数据
建模方法	线性模型：响应变量定义、逾期滚动率分析、表现期时间窗选取、格式转换、缺失值处理、分箱选择、变量稳定性分析等	非线性逻辑模型：梯度提升树、随机森林、神经网络、张量分解等
评估方法	逻辑回归	非线性逻辑回归、决策树分析、神经网络建模等
变量特征	借贷历史、还款表现	传统数据、电子商务、社交网络、搜索行为等
变量个数	不到 50 个	上万个
模型数量	1 个	10 个
运行效率	—	5 秒分析 1 万条原始信息

3. 芝麻信用的运作模式

芝麻信用基于大数据、区块链、云计算三大底层技术运行。利用大数据和区块链技术，挖掘并整合与征信对象资信状况相关的信息；通过云计算建立自动用户评估系统、用户画像信息档案和个人评分系统等。

芝麻信用在征信过程中的数据来源主要包括：金融数据（金融机构等）、基本信息（用户自主提交）、电商数据（阿里巴巴电商生态圈）、公共信息（公共机构、合作伙伴）。

芝麻信用为用户提供信用评分服务，评估方式主要聚焦于五个要素：个人的信用历史（用户信用账户的过往还款记录等历史信息）、行为偏好（用户在购物、缴费、转账、理财等活动中体现出的行为特点）、履约能力（用户是否具有足够的财富和综合能力来偿还债务或履行约定）、身份特质（用户的学习及职业经历等信息）、人脉关系（用户在人际交往中的影响力及好友的信用状况）。

4. 社会信用体系建设领域的个人信用评价

在社会信用体系建设领域，个人信用评价有更丰富的内涵。

传统金融领域的个人信用评分模型，选用了与个人信用相关的多个变量，可分为个人基本信息、银行信用信息、个人缴费信息、个人资本状况四类变量。金融领域的信用评估体系目标是为了通过历史信息预测未来风险，用于未来开展金融业务，特别是为信贷业务提供决策参考。金融领域的个人信用评分重在风险防范，其对评分依据的事实性、精确性和公平性要求不高。

社会信用体系建设领域的公民个人信用评价，使用矩阵化模式对海量信用信息进行收集、转化和做大数据分析，并重构为"个人的数字画像"，目的在于加大对诚实守信主体的激励和对严重失信主体的惩戒力度，形成褒扬诚信、惩戒失信的制度机制和社会风尚。政务领域的公民个人信用评价应用于信用联合奖惩，对评价依据的事实性、公正性和可解释性要求很高。任何信用评价的事实性差异都有可能导致行政复议，甚至行政诉讼。

社会信用体系建设领域的公民个人信用评价模型的相关变量可能会达到数千个，归结起来可以分成如下六类：个人司法信用、个人行政信用、个人金融信用、个人职业信用、个人日常信用、公民信用积分。公民个人信用评价结果将应用于社会信用分级分类监管与应用，如图4-2所示。

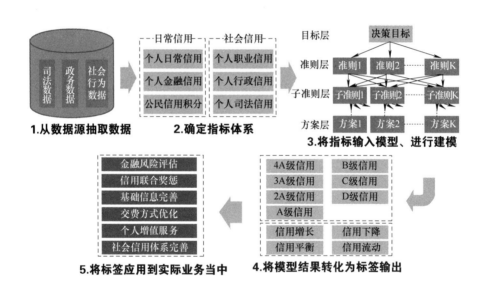

图4-2　公民个人信用评价模型

社会信用体系建设领域的公民个人信用评价模型还在尝试阶段。未来当模型成熟后，会逐渐与个人征信融合，甚至替代传统的个人征信。中国人民银行征信中心二代个人征信报告内容预留了水电费缴费信息，也表明了将来与社会信用体系建设融合的发展方向。

4.3　群防群治打造智慧基层治理共同体

《中共中央关于坚持和完善中国特色社会主义制度　推进国家治理体系和治理能力现代化若干重大问题的决定》关于构建基层社会治理新格局方面明确要求："完善群众参与基层社会治理的制度化渠道。健全党组织领导的自治、法治、德治相结合的城乡基层治理体系，健全社区管理和服务机制，推行网格化管理和服务，发挥群团组织、社会组织作用，发挥行业协会商会自律功能，实现政府治理和社会调节、居民自治良性互动，夯实基层社会治理基础。加快推进市域社会治理现代化。推动社会治理和服务重心向基层下移，把更多资源下沉到基层，更好提供精准化、精细化服务。注重发挥家庭家教家风在基层社会治理中的重要作用。"

4.3.1　党建引领的社会治理共同体

基层社会治理是国家治理的重要方面。加强和创新社会治理，需要构建党委领导、政府负责、民主协商、社会协同、公众参与、法治保障、科技支撑的社会治理体系，基于"三治合一"，建设人人有责、人人尽责、人人享有的社会治理共同体，如图 4-3 所示。

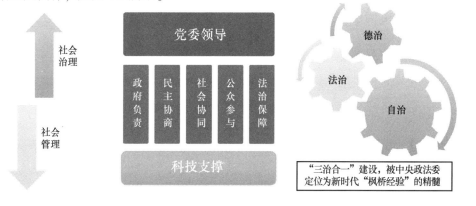

图 4-3　党建引领的社会治理共同体参考框架

党建引领的社会治理共同体建设的参考框架包括以下四个组成部分：

第一，党建——组织教育。党建在基层社会治理中主要体现在组织与教育两个方面。**组织**一方面是指在社区实现辖区住家党员的"双报到""双报告"制度，做实"红色账户"，推动在职党员积极参与家庭所在社区的治理实践，组建党员志愿联盟；另一方面是指发动社区常驻企业的党组织参与社会治理，企业逐渐参与养老、扶贫、助残、环保等社会问题的解决之中，在获取商业机会的同时，实现参与社会治理的"市场赋能"。**教育**一方面是指建立全覆盖培训体系，把党性教育和基层治理实务技能统筹起来，采取小班化、面对面、有互动、有考核的方式，提高基层干部治理能力；另一方面拓宽专业人才参与机制，加强社会心理健康服务，联合委办局积极推进社会心理服务体系建设，广泛开展科普讲座、健康宣教、心理咨询等活动。通过教育转变基层治理参与者理念，实现"管控型社会治理、博弈式社会治理、协商式社会治理、服务型社会治理"的逐步升级演变。

第二，自治——公众参与。社会治理共同体能否形成，取决于公众在参与公共事务治理时能否形成共识进而对治理活动达到高度认同。鼓励公众从传统治理逻辑下的被动响应者转变为共建、共治、共享社会治理新格局下的积极行动者；推动城乡社区从行政治理末梢转变为居民基于现代社会公共性而守望相助的社会生活共同体；实现治理体系的运行方式从政府大包大揽向政府治理和社会调节、居民自治良性互动转变。在操作层面，社会治理共同体的建设面临着三个依次递进的难题⊖：一是如何推动个体走出私人生活空间，关注治理领域的公共问题，从而基于公共福祉积极行动；二是如何推动公众在公共问题治理中形成积极、有序的良性互动，从而超越狭隘的私人利益，追求共同体的总体

⊖ 嵇欣．构建社会治理共同体——以党建为引领［N］．文汇报，2019-11-24.

价值与目标；三是如何推动公众普遍参与的社会调节机制与政府治理机制紧密协同，使得社会治理共同体得以持续深化发展，并得到制度的有效确认。基于通证经济理论设计激励制度，吸引广大居民积极参与社区的网格优化、志愿组织、民主协商、信息反馈、建议征集，以及群防群治活动，深入推进社区治理创新，构建富有活力和效率的新型基层社会治理体系。

第三，法治——及时专业。探索基层社会治理新模式需要充分发挥法治在促进、实现、保障基层群众利益方面的重要作用，创新发展新时代"枫桥经验"⊖，打造"基层治理四平台"⊜，创新推出"县乡一体、条抓块统"⊜的管理方式，以"大综合、一体化"综合行政执法为抓手，构建全覆盖的政府监管体系和全闭环的综合执法体系。具体而言，基层法治工作需要完成五个职能：一是教育宣传，依托公共法律服务实体平台等服务资源，大力推行窗口化、综合性、一站式服务模式，强化法制宣传；二是风险发现，综合辖区公共场所监控设施、见义勇为举报奖励等安全管理节点的一体化公共安全防控处置体系；三是综合执法，在上述"大综合、一体化"综合行政执法的基础之上，面对社区、物业没有执法权"看得见管不了"的有心无力痛点，探索"小微执法"模式；四是矛盾调解，推进社会组织依法调解水平，在专业律师参与的基础上，全面推进专业力量与民间调解力量有效衔接；五是法律服务，与专业律师法律服务对接，实现每个基层有 1 名两年执业经历的律师提供法律服务。

⊖ 枫桥经验，是 20 世纪 60 年代初浙江省诸暨市枫桥镇干部群众创造的"发动和依靠群众，坚持矛盾不上交，就地解决，实现捕人少，治安好"的管理方式。枫桥经验成为全国政法战线一个脍炙人口的典型，后得到不断发展，成为新时期把党的群众路线坚持好，贯彻好的典范。

⊜ 基层治理四平台，是指基层治理所包括的综合治理、市场监管、综合执法、便民服务这四项工作。

⊜ "县乡一体、条抓块统"，是浙江率先推动的基层治理改革，指通过资源重整、权责重构、体系重塑，以"属地管理、整体智治、综合指挥、村社赋能"为支撑，打破之前县归县、乡归乡的惯性设计、惯性思维，推动资源向一线倾斜、管理向一线下沉、服务向一线集中的高效协同治理模式。

第四，德治——奖善罚恶。将社会信用体系建设工作贯穿到基层治理工作之中。通过制定社区公约、完善社区教育、丰富社区活动，以及打造奖善罚恶的社区参与平台，协同居民信用体系的评级赋值，让精神与物质、道德与经济、人品与产品"联姻"，把金融支持、产业奖补、评优评先与信用积分挂钩。

4.3.2 智慧党群链——基层治理解决方案

提高社会治理水平和社会治理效能，关键要实现城市公共安全管理平台与各部门信息化平台互联互通、数据共享，为大数据和网格化技术应用提供基础数据支撑。构建基于大数据和网格化技术相融合、相支撑的城市公共安全管理平台，按照统筹兼顾的原则做好统一规划，实现协同管理。**深化科技手段的运用，将基层组织从形式主义、官僚主义中解放出来，把工作重心转移到动员和服务群众中去**[⊖]。在上述党建引领的社会治理共同体的参考框架或者业务需求的指引下，形成新时代基层治理的数字化解决方案——**智慧党群链**，如图 4-4 所示。

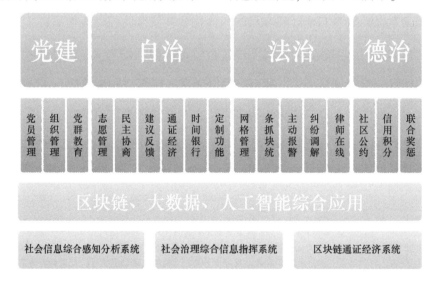

图 4-4 基层治理系统方案——智慧党群链

⊖ 这是基层治理科技支撑系统建设的宗旨和评价标准：数字化系统能否真正落地生根，主要看数字化系统是否以为人民服务为中心，是否真实减轻基层工作人员的负担。

对应党建引领的社会治理共同体建设的业务需求，智慧党群链包括以下四个功能模块：

第一，链党建。基于移动客户端，与现有数据系统打通，实现"一键化"注册管理，将基层辖区的住家党员和企业组织纳入基层治理的组织和教育体系，将之塑造成可以依赖的基层治理骨干力量。通过"红色账户"等区块链通证经济制度激励住家党员和企业组织积极参与基层社会治理，如图 4-5 所示。

第二，链自治。基层群众自治机制是指在社区治理、基层公共事务和公益事业中广泛实行群众自我管理、自我服务、自我教育、自我监督，拓宽人民群众反映意见和建议的渠道，着力推进基层直接民主制度化、规范化、程序化。在前台功能部分，链自治为基层自治提供基于区块链的、可便捷定制的自治选举（居委会等）、在线协商、建议征集与反馈等功能，解决基层自治手段落后、争议多、难协调等常见问题；在中台数据部分，链自治实现基层治理志愿者招募与管理功能，并基于数字化手段为志愿者进行社区治理和服务提供综合支持和专业服务。在社区治理参与人员方面，从时间、专业、可信任等角度，设立网格管理员（专职专业）、辖区党员（责任感强、可信赖）、辖区物业（时间充沛、熟悉情况）、辖区企业及社会组织（可动用资源丰富）、社会志愿者（积极主动）。在基层治理方面，要充分利用各种社区力量参与自治；在后台支撑部分，链自治实现基于区块链的通证经济系统，给予基层自治参与者可信任的激励，并可以创新"时间银行"⊖的理念和实践，如图 4-6 所示。

第三，链法治。数字化技术赋能基层治理法治建设，先要解决基层治理"系

⊖ 所谓时间银行，是指志愿者将参与公益服务的时间存进时间银行，当自己遭遇困难时就可以从中支取"被服务时间"。"时间银行"常用于互助式养老模式，利用"低龄'存'时间，高龄'换'服务"的互助养老志愿服务模式，鼓励社区低龄老人服务高龄老人，有效弥补社区养老服务资源的不足。

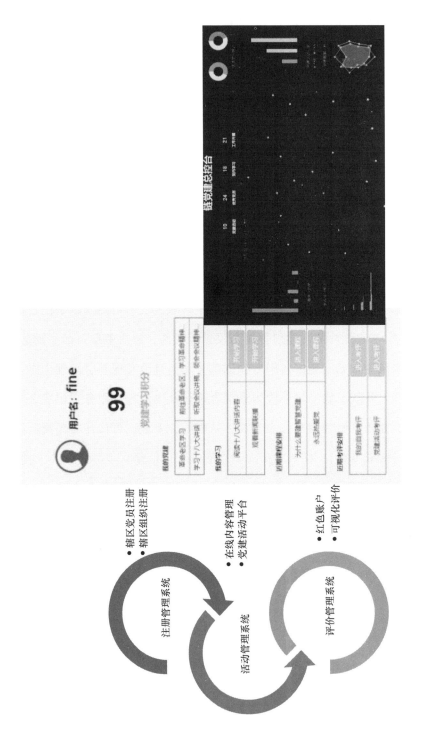

图 4-5 链党建

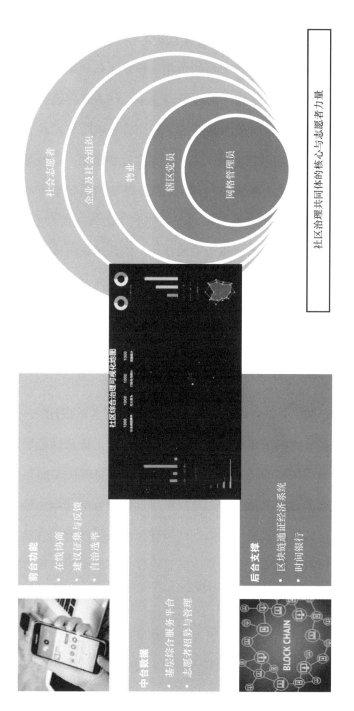

图 4-6 链自治

统多""平台多""热线多"的"三多"问题。据悉，某地基层公务人员最多的时候需要配备四部手持装备，每部手持装备上安装不同的系统。"三多"及其造成的数据孤岛极大增加了基层工作人员的负担，导致工作效率低下。首先，链法治系统在"县乡一体、条抓块统"的改革理念下，打造基层综合执法智慧大脑，基于大数据平台，实现风险监测和舆情分析，力争风险早发现，执法一体化。在5G、实时视频、区块链技术的基础上，探索远程执法，以及基于实时视频存证的社区治理志愿者"小微执法"等；其次，链法治系统基于数字化技术完善人民调解、行政调解、司法调解联动工作体系，让每一次调解有据可依，充分发挥调解在防范化解社会矛盾纠纷中的作用。信任是调解成功的基石，系统也对调解工作人员的能力和经验进行分级分类管理，并有选择地对调解事项关联方进行披露，消除调解过程中的信息不对称和信任不对称；最后，链法治系统将网格管理、违法事项主动报警、律师在线服务纳入通证经济系统，实现基层法治治理的全民参与与群防群治，如图4-7所示。

第四，链德治。如"4.2 个人信用评价及数字化技术的应用"一节所述，居民信用积分体系在常规的法律和行政手段之外，创建了道德规范层面的奖惩措施，是社会信用治理领域的创新。在链德治系统中，将居民文明行为制定成社区公约，进而量化成为居民信用分，并提供居民信用分的获取、修复、披露等全生命周期管理。创新以数字化手段推动精神文明建设的方式方法，发挥信用积分在规范人们行为、调解社会关系中的重要作用，用崇德向善力量预防和化解社会矛盾，如图4-8所示。

智慧党群链是综合数字化技术、通证经济制度设计、社会信用体系建设等元素建设人人有责、人人尽责、人人享有的社会治理共同体的系统性解决方案。智慧党群链解决了通证经济运行过程中的公平性和成本性问题，提高通证经济建设基层治理共同体的投入产出比，为基层社会治理共同体建设的成功经验

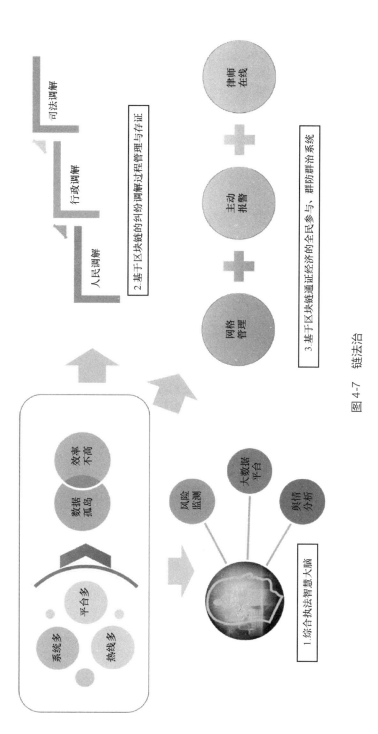

图 4-7　链法治

在全国进行复制推广提供了科技支撑。

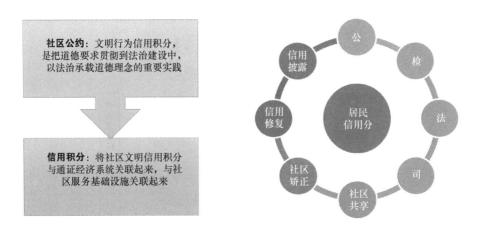

图 4-8　链德治

4.4　数字化信用为共同富裕注入新动能

自古以来，共同富裕便是我国人民的一个基本理想，也是社会主义的本质
要求，是人民群众的共同期盼。经济社会发展归根结底是要实现全体人民共同
富裕。《中共中央关于制定国民经济和社会发展第十四个五年规划和二〇三五年
远景目标的建议》明确提出高质量发展阶段坚持共同富裕方向的原则。浙江省
委在建党百年浙江专题新闻发布会上说："我们将以缩小地区差距、城乡差距和
收入差距为主攻方向，特别在以收入分配制度改革为核心的一系列社会改革方
面，在推动公共服务的优质共享方面，在创新引领先富带后富政策体系方面，
在打造共同富裕现代化基本单元方面，要开展先行先试。"

4.4.1　共同富裕的解读及实施路径

共同富裕是一个宏大的命题，如何理解共同富裕决定了如何实现共同富裕。
本书尝试从如下三点来解读共同富裕：

第一，共同富裕是我国经济社会发展的终极目标，先富带动后富是实现共同富裕的现实路径。如何设计机制，在不损害先富利益和积极性的基础上，鼓励先富带动后富是需要思考的命题。

第二，正确理解人民的含义。在各种关于共同富裕的论述中都已经明确，我国倡导的共同富裕是全体人民的共同富裕。"人民"是个政治概念，它是有着共同观念和行为追求的人群的统称，它反映了一定社会的政治关系。在我国，一切拥护社会主义和拥护祖国统一的社会力量和爱国者都包含在人民的范围内。在新发展阶段，建设人人有责、人人尽责、人人享有的社会治理共同体赋予"人民"新时代的内涵，人民的概念应该体现在"人人有责、人人尽责、人人享有"中。因此，共同富裕与社会治理共同体建设密不可分。

第三，数字化改革为实现共同富裕提供了方向和基础。前文描述了如何基于通证经济建设基层社会治理共同体。数字化的信用评价在社会治理共同体的共建、共治、共享中形成并应用。数字化信用将为共同富裕注入新动能。在这里，共同富裕将基于数字化信用实现更加普惠的金融服务、更高质量的就业，提高基本公共服务均等化水平、健全多层次社会保障体系等，让发展成果更多、更公平惠及全体人民，使全体人民在共建、共治、共享发展中有更多的获得感，如图 4-9 所示。

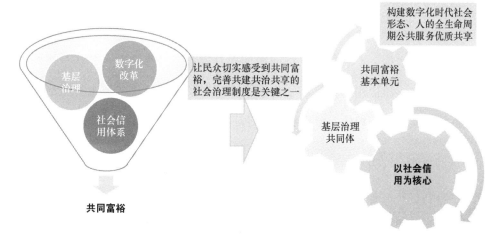

图 4-9　基于数字化信用的共同富裕实施路径

下面以两个案例来说明数字化信用在推进共同富裕中的作用。

4.4.2　数字化金融支持帮农、富农、扶农

发展普惠金融，开发专业化、个性化产品，尤其要健全科技金融服务功能，加强对民营企业、小微企业和"三农"的金融服务，是金融供给侧改革的重要内容。新时代数字化金融运用人工智能、大数据、云计算、区块链等新技术，优化业务流程，降低服务成本，基于数字化信用不断增加金融服务的覆盖面、可获得性和便利程度，更好帮农、富农、扶农，缩小地区差距、城乡差距和收入差距。

1. 农户经营综合服务平台

农户经营综合服务平台是基于数字化技术为生产企业、分销商、县域批发商、农家店、农户打造的一款线上"ERP + 金融"综合服务平台。以现有供销关系快速线上化为突破口，融入小微企业、"三农"客户的生产和生活场景，为工业品下乡、农产品进城搭建线上金融服务渠道。每天产生的数据在区块链上登记，不断积累以逐步形成企业和农户可信的、不可篡改的交易记录。该数据将与居民数字化信用相结合，反映农户的真实信用状况。

通过与当地农村供销社、政府部门合作，经授权后获得农户信用数据，包括农资交易、档案信息、政府补贴等；通过与当地农资监管和物流追踪平台对接，获得物流数据。不断向区块链网络推送有效数据，使整个业务场景视图更加丰富和完备，使信用的维度将更健全，从而彻底基于区块链技术打造成一个信任网络，实现银行授信、审批和用信等环节的智能化、自动化处理。

借助智能合约实现新型信用贷款模式。采用受托支付的方式完成订单，资金不经过农户账户，后台通过自动审批的方式完成每笔订单的贷款审批工作，尽量让农户感知不到贷款的流程，实现便捷快速的支付体验。通过这种方式，农

户的信用数据进一步丰富，基于这些信用数据的融资产品不仅解决了农户融资难的问题，还在采用全新的科技手段后极大降低了融资的成本，给农户最大实惠。

基于区块链的农户经营综合服务平台，如图 4-10 所示。

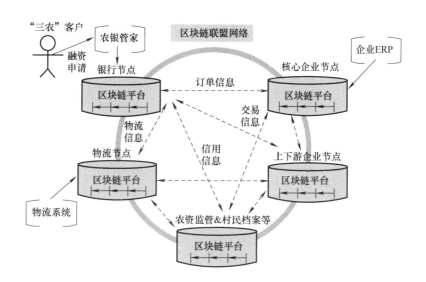

图 4-10　基于区块链的农户经营综合服务平台

2. 农闲灵活务工服务平台

农闲灵活务工服务平台汇集政府项目临时用工需求以及建筑、市政的长期用工需求，对农闲时节的农民进行基本的登记、培训，参考居民数字化信用优先分配用工需求。

基于数字化技术平台实现"三透明"，即合同信息、履约信息、支付信息上链，确保整个项目全流程数据透明，并基于链上数据实现"三钩稽"，把劳务权益与合同信息钩稽、劳务权益与支付信息钩稽、合同与支付信息钩稽。基于此，实现劳务权益的真实记录，基于履约信息，形成合法的劳务权益，并基于权益的多方确认实现权益的精准兑付。

数字化金融为农民工提供基于劳务信息的资金监管与报酬支付，并基于农民工的劳动履约数据为农民工提供必要的金融服务支持。

3. 基于数字化信用的扶农普惠金融服务

上述两个场景，可以视为供应链金融逻辑在帮农、富农领域的应用。对农户而言，其金融需求也普遍存在于消费金融以及应对突发家庭事件的现金贷款上。据中国人民银行公告数据显示，截至 2019 年年底，中国人民银行征信系统收录 10.2 亿自然人、2834.1 万户企业和其他组织的信息，其中有信贷记录的人群不到 5 亿，规模已位居世界前列。但是针对广大农户，中国人民银行征信系统的覆盖能力远不能支持上述扶农普惠金融服务。数字化信用将成为农户的"经济身份证"。普惠金融服务将基于数字化信用延伸到农户的生产、生活的方方面面，推动广大农民一起走向共同富裕。

4.4.3　基于数字化信用的共同富裕现代化基本单元

共同富裕现代化基本单元是实现共同富裕的微观实践单位，承载着共同富裕的精神内涵。党建引领的基层社会治理共同体是共同富裕现代化基本单元的重要载体和支撑。共同富裕现代化基本单元的探索与发展是满足人民群众对美好生活强烈需求的客观需要，是增强居民幸福感、获得感、安全感的重要抓手。基于数字化信用的共同富裕现代化基本单元建设将从下面两个方面进行探索。

1. 基于数字化信用的公共服务优质共享

基层社会治理共同体的基本精神内涵是"人人有责、人人尽责、人人享有"。数字化信用在形成于基层社会治理共同体的建设过程中，把数字化信用应用于更广泛的社会公共服务场景中，将消除收入差别、贫富差别带来的社会公共服务差别，基于数字化信用实现共同富裕现代化基本单元内的社会公共服务的均等化和优质共享，如图 4-11 所示。

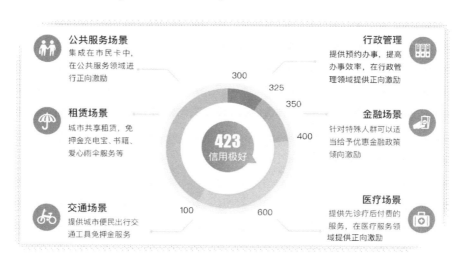

图 4-11 基于数字化信用的公共服务优质共享

2. 基于数字化信用的先富带后富与分配制度改革探索

2021 年 6 月 10 日，中共中央、国务院发布《中共中央 国务院关于支持浙江高质量发展建设共同富裕示范区的意见》（以下简称《意见》）。《意见》明确要求鼓励引导高收入群体和企业家向上向善、关爱社会，增强社会责任意识，积极参与和兴办社会公益事业。充分发挥第三次分配作用，发展慈善事业，完善有利于慈善组织持续健康发展的体制机制，畅通社会各方面参与慈善和社会救助的渠道。

然而，国内慈善基金和公益事业的运作正在经历信任危机。受过去红十字会及其他慈善基金等一系列丑闻影响，全社会对慈善基金普遍持有怀疑态度。因此，畅通社会各方面参与慈善和社会救助的渠道，先要解决慈善与社会救助的可信任问题。

以区块链为核心的数字化技术通过"交易溯源、不可篡改"的特性实现了资金的"透明使用""精准投放""高效管理"。

▶"透明使用"，即每一笔资金的审批流程全部上链，每一个环节都责任到人，让审批信息和实际支付信息紧密钩稽在一起，让相关的各级管理部门和银行机构自动加入到监管之中，使整个审批过程真正透明，消除腐败滋生的可能性。

▶"精准投放"，即对资金投放进行精准管理，资金使用方式由原来先层层拨付再确定帮扶项目的"推动"方式，变成先确定用款项目和款项用途再根据实际资金需求配套资金的"拉动"方式，彻底将"大水漫灌"变成"精准滴灌"。

▶"高效管理"，即金融服务链与帮扶资金审批链的跨链整合使"区块链"和"大数据"有机结合在一起。宏观层面上，监管机构能够自顶向下地实时掌握帮扶资金的需求、配套、拨付、实际使用情况；微观层面上，实现了对每一个帮扶项目、每一笔帮扶资金的穿透式管理。

在可信任的慈善事业运作平台上，共同富裕现代化基本单元建设可以进一步探索基于数字化信用的收入分配制度改革以及可持续健康发展的先富带动后富体制机制，如图4-12所示。

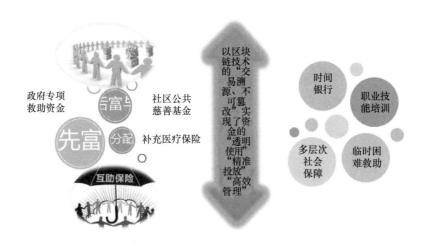

图4-12　基于数字化信用的共同富裕制度探索

在供给方，政府专项救助资金和社会（社区）公共慈善基金，将成为共同富裕现代化基本单元内实现第三次分配的主要资金来源。由上述两项资金引导设立的互助保险以及补充医疗保险，将成为第三次分配的公众性和商业性补充资金。

在接受方，基于数字化信用优先分配供给资源。突发事件的临时救助机制实现社会关爱；多层次社会保障机制实现低收入群体的精准识别与监测；时间银行机制实现社区互助的养老服务体系；职业技能培训机制通过"授人以渔"的方式实现先富带动后富。

共同富裕不是同步富裕，而是在普遍富裕的基础上实现的差别富裕。将数字化信用与共同富裕现代化基本单元建设的探索相结合，既体现了共同富裕作为目标的普遍性，又体现了个体在建设社会治理共同体和共同富裕现代化基本单元过程中的付出与贡献的差异性。

以云计算、大数据、人工智能、区块链等为代表的新一代信息技术迅猛发展，推动人类逐步迈入智能社会，在创造经济发展新引擎的同时，也给人类社会的法律规范、道德伦理、公共治理等带来一系列挑战和机遇。十九届四中全会提出建设社会治理共同体，为基层社会治理指明了发展方向。将国外通证经济研究的理论和实践成果，与国内社会信用体系建设融合起来，在数字化技术赋能下，建设可复制、可推广的基层治理解决方案，是当前面临的重要课题。智慧党群链就是我们正在基层进行的智慧社会治理的实践。

智慧社会治理及其伴生的数字化信用体系为共同富裕奠定了坚实的基础。共同富裕是"人民"的共同富裕，数字化信用体现了"人民"在建设社会治理共同体和共同富裕现代化基本单元过程中的付出与贡献的差异性，将会成为第三次分配的重要参考指标。数字化信用的运用，在推进共同富裕的过程中，能体现个体差异进而实现差别富裕，将会在未来智慧社会治理中发挥更大的作用。

第 5 章

产业链的数字化重构

5.1 产业供应链创新与应用

5.1.1 供应链创新的政策与实践

2017 年 10 月 13 日，国务院发布《国务院办公厅关于积极推进供应链创新与应用的指导意见》（国办发〔2017〕84 号）。

2019 年 2 月 14 日，中共中央办公厅、国务院办公厅印发了《关于加强金融服务民营企业的若干意见》（以下简称《意见》）。其中，《意见》的第十二条关于供应链金融的要求⊖以单独一条的形式展示，足见中央的重视以及对于未来供应链金融的看好。

2019 年 7 月 6 日，中国银保监会发布了《中国银保监会办公厅关于推动供应链金融服务实体经济的指导意见》（银保监办发〔2019〕155 号）（以下简称《指导意见》），《指导意见》要求，银行保险机构应依托供应链核心企业，基于

⊖ 《意见》第十二条内容如下：减轻对抵押担保的过度依赖。商业银行要坚持审核第一还款来源，把主业突出、财务稳健、大股东及实际控制人信用良好作为授信主要依据，合理提高信用贷款比重。商业银行要依托产业链核心企业信用、真实交易背景和物流、信息流、资金流闭环，为上下游企业提供无须抵押担保的订单融资、应收应付账款融资。

核心企业与上下游链条企业之间的真实交易，整合物流、信息流、资金流等各类信息，为供应链上下游链条企业提供融资、结算、现金管理等一揽子综合金融服务。

2019 年 10 月 30 日，中国银保监会正式下发《关于加强商业保理企业监督管理的通知》（简称"205 号文"）。205 号文共包括六个领域，要求规范商业保理企业经营行为，加强监督管理，压实监管责任，防范化解风险，促进商业保理行业健康发展。为商业保理开展供应链金融业务提供了规范性指导。

2020 年 5 月 14 日召开的中共中央政治局常务委员会会议指出，要实施产业基础再造和产业链提升工程，巩固传统产业优势，强化优势产业领先地位，抓紧布局战略性新兴产业、未来产业，提升产业基础高级化、产业链现代化水平。此后，江西省、山东省、南京市、苏州市、北京市、深圳市、合肥市、长春市等地，纷纷出台"链长制"⊖相关政策。

链长制，被誉为我国地方政府提升经济治理能力的创新探索，肇始于湖南湘潭。2018 年，浙江成为全国首个从省级层面推行链长制的省份。链长制是以主导产业和战略性新兴产业为主体，旨在强化产业链高质量发展，是在地方自主探索实践的基础上形成的一种制度创新，其作用在于贯通上下游产业链条的关键环节，推进产业基础高级化和产业链现代化，有效提升产业链自主性、可持续性和发展韧性。

5.1.2　供应链创新的主体与应用

供应链创新与应用指基于现代信息技术对供应链中的物流、商流、信息流

⊖　链长是指政府中主要领导专门负责产业链服务的主要领导责任制。链主是供应链、产业链上的主要企业。

和资金流进行设计、规划、控制和优化，将单一、分散的订单管理、采购执行、报关退税、物流管理、资金融通、数据管理、贸易商务、结算等进行一体化整合的服务。

供应链创新与应用涉及的利益方包括生产商、中间商（物流）、零售商、客户，如图5-1所示。

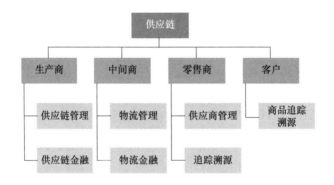

图5-1 供应链创新与应用的利益方

供应链创新与应用的业务分类和相关的利益方如下：

- 供应链管理：生产制造企业、供应链（物流）管理企业；
- 供应链金融：供应链上核心企业及核心企业的上下游企业；
- 商品防伪溯源：零售商、客户。

其中供应链管理发展比较早，在生产制造型企业和供应链（物流）管理企业中比较成熟。

生产制造型企业的供应链管理应用如图5-2所示。

供应链（物流）管理企业的供应链管理应用如图5-3所示。

供应链金融和商品溯源虽然出现较早，但真正的蓬勃发展都是在近几年政策及技术的推动下进行的。

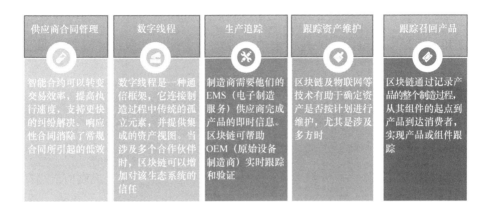

图 5-2 生产制造型企业的供应链管理应用

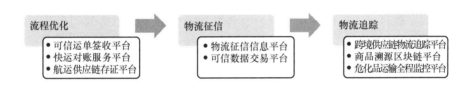

图 5-3 供应链 （物流） 管理企业的供应链管理应用

5.1.3 数字化技术在供应链领域的应用

在数字化时代，应积极发展产业链新模式，培育产业链新业态，推动各方加强信息共享，打造系统化多层次的产业链"云上"体系。"链长"通过"云上"产业链，加强产业链信息监测，全面、及时、准确掌握产业链中产品、技术、人才等方面的需求、供给和匹配状况，准确鉴别影响供求的关键因素，识别、估测、评价、处理及全程监控风险，全面梳理产业链卡点、断点、堵点，对可能出现的市场异动提早洞察、提前介入，对产业链重大风险进行有效识别和预警，保障产业链的稳定和安全。"云上"产业链依托核心企业构建上下游一体化、数字化、智能化的信息系统、信用评估和风险管理体系，更有利于"链长制"聚焦产业链健康长效发展的内功，促进技术链、产业链、创新链、服务链、金融链等多链融合，促进链中上下游企业、大中小微企业的融通发展，打造良性的产业链发展生态体系，有效推动产业链转型升级和高质量发展，加快构建以国内大循环为主体、国内国际双循环相互促进的新发展格局。⊖

在供应链创新与应用领域有几个难点：第一是产业链上下游多方的协同和信任问题；第二是产业链里面的数据安全和隐私保护问题；第三是多方协同后的价值分配问题。这些恰恰都是区块链技术的价值所在⊜。如果说供应链是产业的线下连接器，那么区块链就是产业的线上连接器，区块链让产业的价值传递更加安全、便捷与可信。

在数字化时代，数据将成为整个时代发展的核心，供应链的平台化战略及智能化策略都是建立在数据集中、数据分享、数据整合的基础之上。企业同时掌握大量核心数据和关键技术，依靠金融科技作为强大支撑，打造智慧供应链。数据智能、区块链、云计算等数字化技术将会成为数字化供应链重要的工具和利器。

上述供应链创新与应用领域难点根源于目前供应链领域存在的两个问题：

1）信息流、商流、物流和资金流分离：资金流在几百家银行体系里面，信息流在各自孤立的系统里面，商流在合同里面，物流则更加分散。企业和金融机构需要独立处理四个方面的信息，很难融合在一起。

2）供应链上供应商和经销商特别多，协作关系难以轻易确定：企业供应商和经销商可能达几百上千家，而且有大、有小，有国内的、有国外的。供应链先天就是众多企业互不同属、互相博弈的一种互相协作的关系，没有一个中心

⊖ 张贵. 以"链长制"为抓手加快构建新发展格局 [EB/OL]. [2021-11-12]. http://www.china.com.cn/opinion2020/2021－04/03/content_ 77374493. shtml

⊜ Anne Josephine Flanagan. Inclusive Deployment of Blockchain for Supply Chains [R]. World Economic Forum White paper, 2019.

化的系统。

区块链构建多方信任和数据协同方面的特性，可以帮助实现供应链的多方协作，解决上述两个问题，如图 5-4 所示。

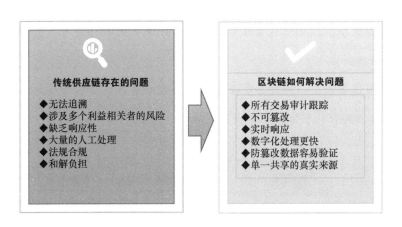

图 5-4 区块链在数字化供应链中的作用

5.2 供应链金融——产业纵向整合

5.2.1 从供应链管理到供应链金融

供应链金融起源于供应链管理。供应链金融是金融机构围绕核心企业在对整条供应链进行信用评估及商业交易监管的基础上，面向供应链核心企业和中小企业之间的资金管理提供的一整套财务融资解决方案。在供应链金融模式下，银行跳出单个企业的局限，站在产业供应链的全局，向所有成员企业进行融资安排，通过中小企业与核心企业的资信捆绑来提供授信。供应链金融涵盖传统授信业务、贸易融资、电子化金融工具等，如图 5-5 所示。

供应链金融业务的特征如下：

- 供应链金融是金融机构开展的一项金融服务业务，开展依据是供应链的资金往来。

- 在整条供应链的信用评估中，核心企业的信用被赋予了很大的权重，核心企业的信用风险是整体供应链信用风险的主要来源。

- 供应链核心企业与其他链中企业之间的交易需要被监督，确保不会向虚假业务进行融资。

- 供应链金融是一种财务融资模式，企业给金融机构的抵押物不是固定资产，而是应收账款、预付款和存货等流动资产。

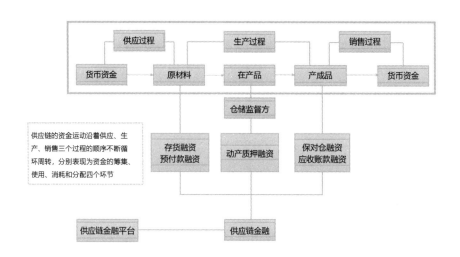

图5-5   从供应链管理到供应链金融

供应链金融起源于深圳。1998年，深圳发展银行（现平安银行）在广东地区首创货物质押业务；2002年，深圳发展银行提出系统发展供应链金融理念并推广贸易融资产品组合；2005年，深圳发展银行提出"建设最专业的供应链金融服务商"。据统计，仅2005年，深圳发展银行供应链金融模式就为该银行创造了2500亿元的授信额度，而不良贷款率仅有0.57%，对公司业务利润贡献率占比25%。

经过十多年的发展，银行开展供应链金融的模式不断扩展：

- 线下"1 + N"模式：供应链金融模式统称为"1 + N"，银行依据核心企业"1"的信用支撑，完成对一众中小微企业"N"的融资授信支持。线下供应链金融存在的风险主要有两个：一是银行对存货数量的真实性不好把控，很难去核实重复抵押的行为；二是经营过程中的操作风险难以控制。

- 线上"1 + N"模式：将传统的线下供应链金融搬到了线上，使核心企业"1"的数据与银行进行对接，从而可以让银行随时获取核心企业和产业链上下游企业的仓储、付款等各种真实的经营信息。线上供应链金融能够保证多方在线协同，提高作业效率。但其仍然是以银行融资为核心，资金往来被默认摆在首位。

- 线上"N + N"模式：第三方服务平台的搭建颠覆了过往以融资为核心的供应链模式，转为以企业的交易过程为核心。基于中小企业的订单、运单、收单、融资、仓储等经营性行为信息，同时引入物流、第三方信息等，搭建服务平台，为企业提供配套服务。在这个系统中，核心企业起到了增信的作用，使各种交易数据更加可信。

供应链金融的发展意义重大。现代企业的竞争是供应链和供应链的竞争。一个供应链的建立或优化，无论是纵向的上下游的整合，还是平台级的撮合，抑或是信息中介模式的聚合，其实质都是要为特定行业链条提高效率、提升价值。而随着经济形态的逐步演化以及现代服务业的深度发展，在业务实践中，供应链的外延有扩大化的趋势，不再局限于传统的生产制造业，扩展到新兴的现代服务业。

截至 2020 年年末，我国供应链金融市场规模约为 2.4 万亿，远低于应收账款和存货规模（合计约 30 万亿），供应链金融市场仍处于发展初期。

5.2.2　供应链金融的业务开展

1. 供应链金融的业务类型

根据供应链金融的开展方式，供应链金融分为应收账款融资、库存融资、预付款融资，如图 5-6 所示。

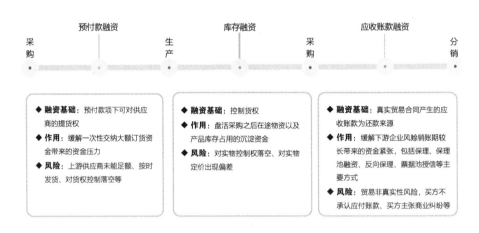

图 5-6　供应链金融的业务类型

应收账款融资是国外供应链金融的主要融资模式，相对其他两种融资类型，金融机构不需承担企业产品的市场销售风险。核心企业的配合程度决定了应收账款融资的规模，因此在模式设计上要给核心企业带来好处才能持续进行。由于以下几方面因素，应收账款融资是标准化程度最高的供应链金融产品：

- 应收账款是直接还款来源，相对于库存和预付款融资，不涉及货物的发出，流程和时间上的风险更容易确定；

- 业务仅围绕核心企业信用开展，无须针对中小企业授信和风控；

- 业务开展只需确定核心企业即可，获客成本低；

- 可以直接对接核心企业 ERP，数据采集、确认、风控电子化程度高。

库存（仓单质押）融资与线下实体物流的联系更为紧密，也需要与供应链管理嵌入更加紧密才能快速分销质押的存货，所以银行等金融机构对这类产品开展力度较差，从业者多为电商平台和物流机构。整体而言，库存融资操作难度大、监管企业职责边界不清为业务开展带来了难度。但标准化的大宗商品模式较为成熟，较易开展业务。库存融资的核心业务能力要求如下：

- 对存货价值的准确度量确定融资金额；
- 存货质押期间控制物流减少人为操作风险；
- 对质押存货的分销变现能力。

预付款融资（保兑仓）是国内供应链金融业务的主要模式，这主要是因为下游融资帮助核心企业实现销售，加速现金回笼，优化财务报表，得到核心企业的大力配合和支持。预付类产品实际上是将企业间的商业信用转换为银行信用，如果出现违约，则立刻对贷款人（下游经销商）的征信产生影响，对贷款人约束力更强。

2. 供应链金融的参与主体

供应链金融的主要参与主体为：核心企业、中小企业、金融机构、第三方服务机构。其中核心企业是资产方；中小企业是主要的受益方，但是在业务开展过程中最微不足道；金融机构是资金方；第三方服务机构分为信息服务商与物流服务商，它们未来将发挥越来越重要的作用。

核心企业是指在供应链中规模较大、实力较强，能够对整个供应链的物流和资金流产生较大影响的企业。供应链是一个有机整体，中小企业的融资瓶颈会使核心企业的供应或经销渠道不稳定。核心企业依靠自身优势地位和良好信用，通过担保、回购和承诺等方式帮助上下游中小企业进行融资，维持供应链稳定性，有利于自身发展壮大。

核心企业一般是各自行业的龙头企业，拥有深厚的行业背景、资源和上下游关系。核心企业在供应链金融业务的主要价值在于对上下游企业的增信。核心企业开展供应链金融业务具有先天优势，但核心企业大概率会局限在自身供应链里，即便成立或收购保理和小贷公司，也会受到资本性和区域性的限制，开展自身行业生态之外的供应链金融业务难度较大。

中小企业在生产经营中，受经营周期的影响，预付账款、存货、应收账款等流动资产占用了大量的资金。而在供应链金融模式中，可以通过货权质押、应收账款转让等方式从银行取得融资，把企业资产盘活，将有限的资金用于业务扩张，从而减少资金占用，提高了资金利用效率。国家政策大力支持供应链金融，目的也是解决中小企业"融资难、融资贵"的痼疾。

金融机构在供应链金融中为中小企业提供融资支持，通过与核心企业以及第三方服务机构合作，在供应链的各个环节，根据预付账款、存货、应收账款等动产进行"量体裁衣"，设计相应的供应链金融模式。金融机构提供供应链金融服务的模式，决定了供应链金融业务的融资成本和融资期限。目前参与供应链金融的金融机构有：商业银行、保理公司、小贷公司、信托公司或P2P（互联网金融点对点借贷平台）等第三方资产管理机构。

商业银行是供应链金融的主要参与者。2018年数据显示，全球50家最大的银行中有46家开展了供应链金融业务。银行基于商户管理、结算管理和传统的信贷数据的积累，可以实现与核心企业错位的合作和竞争。银行开展供应链金融业务最明显的优势是资金、支付结算手段、客户资源和金融专业性（包括识别、计量、管理风险）。相对于核心企业，银行可以实现跨行业展业。银行供应链金融解决方案倾向于为供应链中相对业务量明确、资信较好、标准化程度高、上下游业务量大的企业提供服务，如汽车行业、电子行业等。

但是，银行自身没有仓储管理能力，更多采取跟物流仓储公司合作的方式。在涉及现货质押的业务中，把货物放到合作仓库中，由物流企业负责管理物流信息、运输过程信息，采集货物签收情况、货运、入库出库情况等。多数行业的供应链没有数据标准，采用自己的 ERP、经销商管理系统和数据规则，个性化服务要求高，工作量大，导致银行对于行业覆盖的深度和广度有一定局限性。部分银行通过自建供应链金融平台的方式开展业务，自建平台可以让银行把控客户资源、增强核心业务能力，但是银行自建平台的成本和局限性较高。

保理公司、小贷公司开展供应链金融业务的主要障碍是资金成本，难以提供比银行更有竞争力的资金，因此只能在银行覆盖不到的领域开展业务。第三方资产管理机构收购供应链金融有关的资产，包装成理财产品对外销售，但是第三方资产管理机构风险控制能力不强，产品容易出现信用风险，实际上 2019年出现的"诺亚财富踩雷承兴国际事件"已经暴露了这一点。

第三方服务机构包括两种：一是业务支持性机构，二是第三方供应链金融服务平台。业务支持性机构是供应链金融的主要协调者，一方面为中小企业提供物流、仓储服务，另一方面为银行等金融机构提供货押监管服务，搭建银企间合作的桥梁。对于参与供应链金融的物流企业而言，供应链金融为其开辟了新的增值业务，带来了新的利润增长点，为物流企业业务的规范与扩大带来了更多的机遇。

3. 第三方供应链金融服务平台

相对于银行自建平台，第三方供应链金融服务平台具备多种优势：

- 供应链金融需要的是集业务、技术、金融于一体的解决方案，而银行内部分工明确；

- 每个企业和供应链都具备独特性，系统、数据、资金需求方式各异，银行通常希望产品是标准的；

● 第三方平台贴合市场、机动灵活，而银行构架复杂，审批流程长、反应速度慢，产品创新的速度也有限。

第三方平台的合作方不仅仅是银行和核心企业，还包括供应商、经销商、交易平台、贸易服务商等；协作方面可以与标准化服务提供商、风控机构、认证机构、数据公司等合作；为所有参与方构建开放式、合作共赢的模式，所有参与主体都可以在平台系统上找到自己的位置，做到资源的互通和整合。

目前常见的第三方供应链金融平台，按照来源划分为五种：电商平台、供应链（物流）管理平台、ERP 软件云平台、行业资讯平台、P2P/ABS（资产证券化）发行平台。

1）**电商平台**。如淘宝、京东、苏宁等，利用平台上的交易流水与记录，进行风险评测，确认信用额度进而发放贷款，除了赚取生态圈上下游供应商的金融利润外，也保证了生态圈的健康发展。在整个模式中，电商是整个交易的核心，除了掌握数据、了解各企业征信外，也能牢牢把控上下游的企业。

阿里小微信贷⊖曾利用其天然优势，即阿里巴巴、淘宝、支付宝等电子商务平台上客户积累的信用数据及行为数据，引入网络数据模型和在线资信调查模式，将客户在电子商务网络平台上的行为数据映射为企业和个人信用评级。

京东供应链金融主要包括京保贝/京小贷和银行放贷两个渠道，前者是用京东自有资金给供应商放贷，利率比银行略低；后者是由京东将有贷款需求的供应商推荐给合作银行，由银行放贷。

2）**供应链（物流）管理平台**。在传统供应链金融模式中，物流公司是参与者也是非常重要的第三方支持机构；在"互联网+"时代，物流公司凭其在行

⊖ 此处只是陈述历史上客观存在的案例，不意味支持或赞同企业的经营方式、态度、观点或做价值引导。

业上下游的深厚关系，转而从事电商进而延伸至供应链金融业务。典型的上市公司有：瑞茂通、怡亚通等。瑞茂通主要基于煤炭物流从事供应链金融服务，是典型的传统强周期行业向供应链金融转型的公司。怡亚通也在打造供应链金融平台，公司旗下的 380 平台已成为国内第一快消品供应链平台。

3）**ERP 软件云平台**。很多软件公司提供的 ERP 软件，理论上能够通过其知晓公司的运营和财务情况，有助于了解公司信息。若供应链上更多的公司使用该软件，则可以通过公司间的数据进行交叉验证，有助于供应链金融的扩展。因此，各类数据软件公司也参与供应链金融中。本质是通过掌握公司的运营数据，建立公司征信数据，对公司的信用情况进行评级，从而控制放贷风险。典型案例有：用友、金蝶云等。

4）**行业资讯平台**。这类公司的主营业务一般是提供行业资讯服务、信息、数据及网络推广，类似于行业门户网站。由于拥有大量线下的行业客户资源，再加上本身所处行业体量较大，而所在传统业务发展又面临瓶颈，为了寻求新的增长点，供应链金融就成为一个比较好的出路。这种企业多是建立了第三方 B2B（企业对企业）电商平台[⊖]，发展路径一般是通过资讯聚集人气，然后通过交易进行金融服务。典型案例有：找钢网。

5）**P2P/ABS 云平台**。中小微企业由于信用体系不完整，导致其直接向商业银行贷款手续烦琐、信用额度小等。随着互联网的发展，市场诞生了第三方 P2P 平台。目前国内 P2P 平台的资产来自线下小额贷款公司（自营或合作）、担保公司、信托公司、融资租赁公司等，其中的借款人质量、风控模型、风险点各不相同，但大部分均是传统民间借贷业务的线上化，缺乏贷款方的征信信息以及平台风控的手段。供应链金融由于有核心企业背书，为 P2P 平台提供了更多的安全性。同时，由于第三方 P2P 平台担任信息中介的特质，并未增加中间

⊖　各地方的大宗商品现货交易中心，本质上也是一个 B2B 电商平台。港交所前海联合交易中心（QME）创新的仓单质押等金融服务，本质上也是供应链金融的一种表现形式。

环节，也为融资企业减少了融资成本。

随着 P2P 行业监管趋严，无法跟进供应链金融市场发展。商业保理和供应链金融 ABS 产品给出了新的方向，新的供应链金融 ABS 云平台兴起。典型案例有：联易融。

5.2.3　供应链金融的问题与机会

1. 行业发展的挑战与矛盾

供应链金融诞生至今，"一直是种子选手，但从未成为明星"，各种理论研究难以落地成为业务实践。每一个参与主体都面临着自身的困境：金融机构是利益关联方，但无法成为驱动者；核心企业可以成为驱动者，但没有足够的利益刺激；中小企业是最大受益者，但影响力微不足道。

资金与能力的不匹配，限制了供应链金融产品的供给。从核心业务能力来看，以供应链上的核心企业、电商为代表的线上交易平台以及物流企业在细分业务能力上有商业银行所不具备的优势；从资金供给角度来看，商业银行具备其他资金方所不具备的规模和成本优势，但是各自优势没有办法相互融合。

2. 核心企业魔咒

核心企业，是供应链金融中最重要的角色，因此它们的话语权和议价能力空前强大。几乎所有的供应链金融服务机构，都遭遇过一种尴尬：与核心企业达成合作，核心企业很快就会看到供应链金融的好处，觉得"为什么这个事情不能自己干？"于是解除合作，自建团队，亲自操盘。核心企业的"魔咒"桎梏了供应链金融的发展。而破解这个魔咒，也颇为困难。供应链金融服务机构只能通过不断提高大数据、人工智能等技术能力，用这些新技术作为"底牌"，才有和核心企业议价的权利。

事实上，核心企业经营自己的供应链金融，几乎是不可抗拒的趋势——核心企业将意识到供应链金融是"双赢"的金融利器。美国供应链金融产生于 19 世纪末，前期由银行主导，后期核心企业登上历史舞台，一直持续至今。

3. 交易欺诈与资金挪用

据统计，除了经营风险之外，供应链金融业务 90% 左右的风险来源于客户欺诈。客户欺诈的表现形式多种多样，典型形式有三类：

- 套汇套利行为，是利用汇率或利率的波动，通过虚构贸易、物流而赚取汇差和利差的行为，除此之外还可以骗取出口退税非法收益。

- 重复或虚假仓单，是指借款企业与仓储企业或相关人员恶意串通，以虚假开立或者重复开立的方式，就同一货物开立多张仓单，以供借款企业重复质押给不同金融机构获取大量仓单质押贷款，并从中牟取暴利。

- 自保自融，是在从事供应链融资的过程中，亲属、朋友或者紧密关联人为借款企业进行担保，或者由同一人或关联人实际控制的物流仓储进行货物质押监管，套取资金的行为。2012 年的上海钢贸事件和 2014 年的青岛港事件，便是企业通过欺诈手段，相互勾结，重复质押资产，欺骗银行骗取贷款的事件，造成了恶劣的社会影响，并阻碍了供应链金融的发展。

4. 风险管理

金融风险种类有很多，主要包括市场风险、信用风险、操作风险及流动性风险。相对于上述三种风险，流动性风险对于供应链金融平台来说才是最不可控的、最需要担心的。流动性风险主要是指金融参与者由于资产流动性降低而导致的可能产生损失的风险。当金融参与者无法通过变现资产来偿付债务时，就会发生流动性风险。大多数供应链金融业务往往都把重点放在信用风险的控制上，而忽视了流动性风险。

供应链金融依托核心企业的信用，不论是核心企业对上游供应商的最终付款责任，还是对其下游经销商的担保责任或调节销售，皆是以核心企业的信用为杠杆衍生出来的授信。在供应链金融领域，风险的源头，要追溯到核心企业的偿付能力。供应链融资使用交易信用替代主体信用，降低了对中小企业融资的信用风险，但增加了供应链的整体信用风险。

供应链金融的风险是产业供应链风险和金融风险的叠加，具有传导性和动态性。供应链上的企业相互依存、相互作用，共同在供应链金融创新活动中获得相应的利益和发展，一个企业的经营状况有时会对链上其他的企业产生影响。因此，一个企业的风险向供应链的上下游环节以及周边传导，最终给供应链金融服务者以及相应的合作方造成损失。

供应链金融风险会随着供应链的网络规模和程度、融资模式的创新、运营状况的交替以及外部环境的变化等因素不断地变动，容易造成供应链金融风险的高度复杂性，给金融机构的风控带来极大的挑战。

5. 法律问题

供应链金融参与主体众多，既包括银行、核心企业、上下游中小企业，以及物流、担保、保险等中介组织，又包括监管机构。参与主体的复杂性，决定了法律适用的复杂性和不确定性。

供应链金融属于金融创新，传统的监管法律难以适应金融创新的发展，潜在的监管风险难以避免。具体而言，供应链金融融资风险主要集中在动产担保物权方面，在涉及质权所有权的原始分配和质权所有权的流动带来的再分配时，可能会引发所有权的矛盾和纠纷。相比国外，我国在抵押权、担保物权等方面，对供应链金融的相关法律概念界定、纠纷处理等还不明朗，这将阻碍供应链金融的进一步发展。

6. 生态角色分工与缺失

供应链金融的成功实施需要生态中多种形态主体的充分沟通和协同，这些主体除了上面提到的相关业务参与方外，还包括至关重要的三类主体：

- 平台服务商：承担搜集、汇总和整合供应链运营中发生的结构化数据以及其他非结构化数据；
- 风险管理者：根据平台服务商提供的信息和数据进行分析，定制金融产品，服务于特定的产业主体；
- 流动性提供者：具体提供流动性或资金的做市商主体，也是最终的风险承担者。

供应链金融仍处于发展的初级阶段，上述主体及专业化分工还未出现。

7. ABS/ABN（资产证券化/票据）带来的机会

2016 年，证券市场首单供应链金融 ABS 产品发行，之后以每年一倍的速度增长，2020 年当年的新增供应链金融 ABS 发行超过 3000 亿元。

在国内资管新规的影响下，供应链金融 ABS 是非标债权转标准化债券，打破金融机构非标展业限制的一大重要途径。监管层对供应链金融 ABS 业务的鼓励，让 ABS 市场成为供应链金融业务的新蓝海。

目前，供应链金融 ABS 产品涉及的行业主要为房地产行业，主要以保利、万科、碧桂园等主体信用和偿付能力均较强的大型房企为主。在已发行的供应链金融ABS产品中, 房地产行业占据大半江山, 发行规模占比超过70%。此外, 以小米、京东及滴滴等互联网企业为代表的新型经济企业也参与其中, 利用自身的核心企业信用, 为其上下游制造业企业提供新的融资渠道, 促进整个上下游产业链健康有序发展, 如图5-7所示。

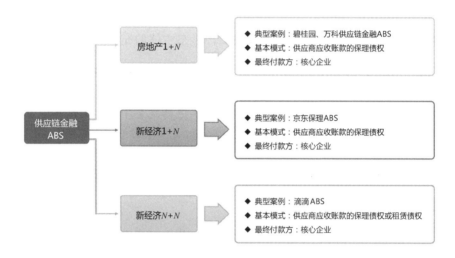

图5-7 供应链金融ABS的业务分类

5.2.4 案例: 数字供应链金融平台

1. 打造数字供应链金融解决方案

发展供应链金融要立足产业, 充分运用区块链、大数据、物联网、云计算等新兴技术重构产业, 将中小企业有机地融入产业网络体系中, 形成能够共赢和共同发展的产业生态, 建立起有效的产业规则和信用, 金融才有发展的空间。在产业秩序和产业竞争力尚未形成的状况下, 空谈供应链金融, 只会走样变形。金融要真正服务实体经济, 放弃短期获取暴利的思想, 用金融推动产业发展, 实现金融和产业的双向循环和进步。有些金融机构认为只要有资金, 建一个电商平台, 就能将产业组织 (特别是中小企业) 圈养进来, 开展借贷, 然后利用平台从事资本运作，以求一本万利，这是一种典型的投机思维。由于缺乏真正产业服务的理念，终究会产生新的金融危机和灾难。

数字供应链金融解决方案是指综合区块链、大数据、AI、云计算、物联网，以及量化金融打造数字供应链金融共享开放平台，通过交易数据上链实现底层资产穿透，基于中央结算的风险防控，基于知识图谱构建风险传导模型，综合一、二级市场进行风控定价及风险预测等功能，基于数字化技术规范供应链金融发展，从根源上防范系统性风险。

供应链金融是一项高操作性的业务，单证、文件传递、出账、赎货、应收账款确认等环节具有劳动密集型特征。基于区块链的供应链金融，通过区块链技术将各个相关方链入一个大平台，通过高度冗余的确权数据存储，实现数据的横向共享，进而实现核心企业的信任传递。**基于物权法、电子合同法和电子签名法的约束**，借助核心企业信用额度，提升中小企业的融资效率，降低中小企业的融资成本。

区块链为供应链提供了交易状态实时、可靠的视图，有效提升了交易透明度，这将大大方便中介机构基于常用的发票、库存资产等金融工具进行放款。针对库存抵押融资，抵押资产的价值将实时更新。记录每次数据更改的身份信息，可以进行可靠的审计跟踪。基于金融机构与核心企业打造一个联盟链平台，提供给供应链上的所有企业，利用区块链多方签名和不可篡改的特点，使得债权转让得到多方共识，降低操作难度，进而在区块链链上实现债务凭证的流转。

2. 围绕核心企业开展业务

供应链金融的本质是信用融资，重点是在产业链条中发现高质量的信用，核心在于区隔不同的现金流，并锁定风险可以识别的现金流，实质是帮助企业盘活流动资产，提高生产效率。

在发展初期，由资金渠道决定供应链金融上限规模；而在中长期，由行业因素决定供应链金融整体格局。围绕核心企业开展供应链金融，需要：第一，行业分析；第二，选择核心企业。选择客单价和毛利率高的产业链，选择信用级别高的核心企业。

由于每个产业的供应链模式、盈利模式、资金需求的强弱和周期都是不同的，因此供应链金融应用于不同的行业必然催生出不同的行业特征，这将促使供应链金融平台向更垂直细分、更精准、更专业的方向发展。

各供应链金融参与主体需要根据不同行业、不同企业的具体需求来为其量身定制金融服务，提供更加灵活和个性化的供应链融资产品。各供应链金融参与主体只有不断深耕各自所经营的一条或几条产业链，在充分了解行业属性和特征的基础上，结合自身的专业分析与研判能力，才能为各垂直细分供应链上的企业提供个性化的供应链金融产品与服务。

根据供应链的功能模式、市场中介功能和客户需求功能，供应链主要可以分为以下三种：

- 有效性供应链，一般是指以较低的成本将原材料转化为半成品或者产成品，以及解决供应链中的物流等问题。其核心是成本优势。这类供应链主要集中在传统行业，如钢铁、石油、化工、橡胶、煤炭、金属等行业。

- 反应性供应链，一般是把产品分配到满足用户需求的市场，对未预知的需求能够做出快速反应，其核心是速度优先。这类供应链主要集中在五金配件、汽配、鲜花、食材等领域。

- 创新型供应链，顾名思义，其核心是客户需求优先。这类供应链主要集中在服装、家纺、皮革、家具、创意产业、文化产业（电商、互联网）等领域。

通过初步的行业资料搜集、走访等研究，弄清楚整个供应链条中处于主导地位的核心企业是谁，具体来讲又可以分为三类：

- 以生产商为核心的。从议价能力来看，企业具有上游优势，而这种优势一般属于资源垄断型行业，如钢铁、煤炭等。
- 以中间商为核心的。行业上游相对比较分散，因此对中间贸易商具有很强的依赖性。
- 以零售商为核心的。下游优势一般是掌握了客户资源。

需要注意的是，供应链条的核心一般处于动态调整过程中，不是一成不变的。

3. 数字供应链金融平台举例：反向保理资产证券化

目前供应链金融资产证券化市场上，基于产业链核心企业的反向保理资产证券化是市场上的主流产品。反向保理意指由核心企业作为保理业务的发起人申请续作保理业务并经债权人同意后，以债权人转让其应收账款为前提，由保理商为债权人提供贸易资金融通、信用风险担保、销售账务管理等服务的一种综合性金融服务方式。

国内信用体系基础设施的缺失加大了对中小微企业的尽调难度，反向保理资产证券化引入核心企业的主体信用，核心企业通过利用其和供应商的海量数据建立供应商动态准入制度来加强供应链风险防范。供应链核心企业的经营和风控能力水平相对较高，对行业景气度和应付账款规模预判较为准确、应付账款规模巨大，供应商准入制度的建立也保证了基础资产具有较高的同质性，可通过"储架发行"进一步提高发行效率。核心企业作为最终付款人使得反向保理资产证券化的类信用债属性更加浓厚。在分层结构上，多采用平层发行或仅设置较低比例的次级。只有真实的贸易背景、真实的应收账款，才能使反向保理资产证券化真正有利于中小企业降低融资成本，提高供应链的稳定性（见图 5-8）。

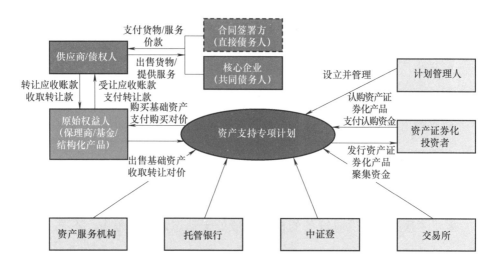

图 5-8 反向保理资产证券化（核心企业负债管理工具）原理示意图

基于区块链、人工智能、大数据、云计算为供应链金融资产证券化产品的
发行提供全生命周期的综合解决方案（见图 5-9），包括：

- 基于"区块链+AI"的数字身份和资产确权云平台；
- 基于"大数据+AI"的 ABS 资产红黑池管理云平台；
- 基于区块链的资产数字化和信用流转云平台；
- 基于数据智能的风险分析与信息披露云平台。

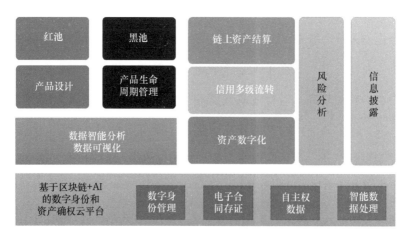

图 5-9 供应链金融资产证券化全生命周期的综合解决方案

第一，基于"区块链 + AI"的数字身份和资产确权云平台。在供应链条上，供应商、核心企业、金融机构等多方并存的交易场景是最适合区块链的场景，包括为应收账款、票据、仓单等资产确权（不可篡改、透明化数据）；进行保理、贴现、质押等资产交易（减少中间环节，帮助企业融资）；留下数据存证（电子合同、关键数据、身份信息）；防止票据作假、重复质押等风险发生（穿透式监管，永久审计追踪）。基于区块链和 AI 技术提供数字身份和应收账款资产确权解决方案，包括基于生物识别的数字身份管理系统，实现客户身份识别（KYC）和反洗钱（AML）功能；基于区块链的电子合同存证系统，并与司法鉴定机构及仲裁机构建立合作；基于主权化管理的资产确权、数据分享系统，保证数据的私密性；基于人工智能的数据识别和客服系统，提升资产上链的效率和易用性。

第二，基于"大数据 + AI"的 ABS 资产红黑池管理云平台。"红黑池"全称叫"'红池－黑池'发行机制"，就是证券发行过程中两次确定资产池。所谓"红池"是指产品发行机构向监管机构进行前期审批申请备案时所递交的基础资产池，即模拟资产池；所谓"黑池"则是在证券化产品发行时实际发行的基础资产池，即真实资产池。红黑池适用于回款较快的基础资产，这类资产发行时点的不确定会使其融资成本和发行成本偏高。通过"红黑池"尽可能降低发行成本，提高资产使用效率，灵活选择发行时点，锁定实际融资规模，实现实际融资成本的最优化。供应链金融 ABS 资产红黑池管理云平台可以实现如下功能：①大数据匹配与对接 ERP 系统，防范基础交易合同风险。基于大数据平台对债权人（供应商/卖方）和债务人（买方）的业务范围、交易数据进行数据挖掘和匹配，在可行的情况下可考虑接入双方的 ERP 系统，实现数据的真实对接。②系统可视化与数据积累增信措施。基于大数据分析技术，实现基础资产现金流的及时可视化和有效监控；在产品设计阶段，可以更好地对底层资产进行描述，保证红池资产产品的可实施性，节省产品开发的时间和成本；在产品存续区间，可有效地对黑池资产进行管理，确保资产购买的实现合规，最大限度贴近红池资产的描述，提高存续期管理效率，减少资金沉淀。

第三，基于区块链的资产数字化和信用流转云平台。以传统的应收票据（银票、商票）和应收账款等流动资产作为信用凭证的操作方法有很多局限性。例如，银票的贴现需要授信额度且融资流程长、银票和商票都不能拆分、商票对开票方的要求高、商票市场接受度小、商票贴现门槛高、保理确权难等。基于区块链，将核心企业为上游供应商开出的债权凭证进行资产数字化，上游多级供应商可以将其任意拆分并转让，也可以融资或持有到期。核心企业可以随时全面掌握应收账款流转路径，实现对上游多级供应商或者供应链整体的掌握。应收账款特殊债券凭证的数字化综合了银票的可靠性优势、商票的免费支付优势、现金的随意拆分优势以及易追踪的特色优势。

第四，基于数据智能的风险分析与信息披露云平台。通过大数据分析为供应链金融 ABS 产品相关的信用评级提供支持，为投资者提供了风控保障。针对集中度问题，进行风险测试，在基础资产分散性和集中性之间找到平衡点；针对偿付问题进行压力测试；针对入池资产进行定期检查和质量跟踪服务，防止资产质量下降；采用抽样尽职调查方法，对抽取样本的代表性进行分析说明。对于对基础资产池有重要影响的入池资产应当着重进行抽样调查。定期和不定期对入池资产的运行状况、现金流回款情况等进行核查和动态监测，在合格资产规模不足时及时进行信息披露并采取风险缓释措施。根据监管要求定期对底层资产情况进行信息披露，提高信息透明度，增强投资者的投资意愿。大数据可更精准地完成企业画像，更精准地满足信用风险控制。人工智能则会取代很多常规的简单计算和流程工作，对供应链金融行业的管理和发展也会产生很大的作用。

5.3　商品溯源——重建商业信用

商品溯源是指追踪记录商品从生产到零售的全部环节，它的实现需要产业链上下游各方共同参与。商品溯源属于一种多环节协同的综合性商业行为，集合了物联网技术、防伪技术、信息系统与溯源机制。

5.3.1　传统商业信用机制

商业信用机制是人们在商品交换过程中形成的主观上诚实守信和客观上按约偿付相统一的经济运行方式，它是市场经济运行的前提与基础，是市场微观主体经济活动的启动器和润滑剂。因此，商业信用机制深深根植于现代市场经济发展规律之中。

传统的商业信用机制的建立是在产业链上每一个一对一的、人与人的商业互信基础上完成的。但是在传统的商业信用机制中，信息不对称导致"假、冒、伪、劣"事件时有发生。虽然有政府监管以及事后纠错机制，但效率低下，当事件发生后，往往已经造成了很严重的社会后果。因此在传统的产业链条中，每一环节都制定了严格的质量审核或者代理监督机制，以保证商业信任链条的完整性。

在产品销售环节，区域代理制，是指生产企业在一定的市场范围内选择多家批发企业代理分销自己的产品。其具体做法是：在省级市场下分为多个区域，除一级市场的大商场直接从分公司进货外，每个区域设两家或两家以上的一级批发商。在该区域内，一级批发商除直接面对一级市场的部分小零售商外，还对所辖的二级市场设两家或两家以上的二级批发商，除二级市场的大商场可直接从一级批发商进货外，二级市场的二级批发商分别负责二级市场的部分小零售商和各自管辖的三级市场。三级市场一般只有零售商，直接从二级批发商那里进货。对于一个区域市场同时设有两个或两个以上的同级批发商，有的厂家严格划分每个批发商的销售区域，有的厂家不仅对一级市场的大零售商直接供货，还对部分经济发达地区的二级市场大零售商直接供货。

区域代理制能够使供应端触角直接延伸至细分市场。在国内市场条块分割严重，用户需求差异化明显的情况下，实施区域代理制可以使供应商在短时间内与区域合作伙伴制定出有针对性的区域市场推广计划。在划定区域内，区域代理商拥有对产品绝对的控制权，因此实施区域代理制要求厂商有一定的渠道监控和掌控能力，不然漏单、窜货等不正当的竞争手段将在渠道体系中蔓延开来，不利于整条供应链的稳定发展。

窜货是指在区域代理制下，代理商跨区域销售的一种商业行为。这种行为会造成相关品牌产品市场价格混乱、经销商间恶性竞争、消耗公司资源等问题，还会对品牌形象造成较大的冲击。窜货的表现如下：

1）恶性窜货：经销商为了牟取非正常利润，蓄意向非辖区倾销货物。更为恶劣的窜货现象是经销商将假冒伪劣商品与正品混同销售，掠夺市场份额。

2）自然性窜货：一般发生在辖区临界处或物流过程，非经销商恶意所为；或者由于不同地方的运输成本不同，客户自己提货，成本较低，有窜货空间；

3）良性窜货：经销商流通性很强，货物经常流向非目标市场，或者甲乙两地供求关系不平衡，货物可能在两地销售走量流转。

区域窜货现象的发生，就是因为对管理过程中的各个环节的"链"缺乏有机的控制，才导致某些经销商有空可钻。商品溯源系统可以完美地解决窜货问题：杜绝恶性窜货，发现并鼓励良性窜货，基于数据智能分析调整区域配额。

在供应链发展日臻完善的今天，"渠道扁平化"趋势让区域代理制颇为尴尬。在数字化时代，区域代理制是一个相对落后的渠道手段。数字化与物流行业的发展将催生新的市场运营理论和销售渠道体系。

5.3.2　商品溯源及其分类

传统的防伪溯源，是通过防伪码数据和商品实现一一对应。但这种防伪码是由商家提前编辑好的，容易被大规模仿制。造假者只需获得一个真品的防伪码，就可以复制出很多，导致消费者即便购买到假冒伪劣产品，扫码显示的结果也都是正品。

基于区块链的数字防伪技术，商品信息一经"上链"不可篡改，这就形成了商品上下游产业链的可追溯性，解决了信息不对称的问题。通过区块链技术，消费者等利益相关方能够看到商品从原材料开始，一路来到消费者手上，期间全部流程产生的电子数据信息，保障了产品质量可追溯，品质安全有保障，⊖如图 5-10 所示。

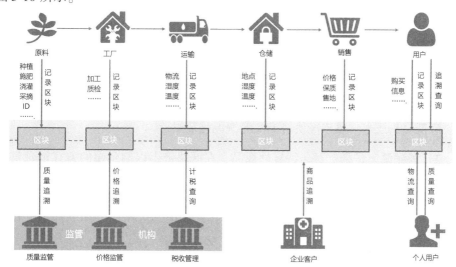

图 5-10　区块链商品追溯应用场景示意图

⊖　中国物流与采购联合会. 中国物流与区块链融合创新应用蓝皮书［R］. 2019.

基于区块链技术的商品防伪，同时具备溯源、防恶性窜货、数据分析等多样化功能，由此实现的商品质量管理模式创新，能够强化商品生产信息互通与共享，提高企业管理效率，降低销售成本，甚至引导供给端生产企业优化产能：

1）防止假冒产品：跟踪最终产品每个部分的来源，所有相关方都可以看到审计跟踪，确保商品的真实性并减少了假冒商品；

2）库存和偷窃跟踪：从供应商到零售商的端到端可见性确保了涉及多个供应商的透明度和真实性；

3）退货跟踪：区块链系统可以帮助零售商确保将退回的货物追溯到供应商，以及更好地管理退货的合同；

4）商品再交易市场：对于可以再次或者多次使用的商品，基于区块链组织商品的再交易市场，链上数据将提供商品的全生命周期溯源。

针对商品本身的特性，商品溯源可以分为强溯源和弱溯源。

1）**强溯源**，是指针对高价值且具有特异性的物品进行上链溯源。比如钻石、名画、定制奢侈品等。对高价值特异性物品进行360°全息摄影，提取物品特征值，并将该特征值在区块链上存证以实现防伪溯源功能。物品特征值的选择要求**"难以造假，易于验证"**。高价值特异性商品的溯源防伪，可提高产品信用，降低交易成本，属于区块链商品溯源的强需求。

2）**弱溯源**，是指针对非特异性商品，在区块链上以端到端的方式记录供应链数据，从而跟踪库存或打击假货。为此，每个零售实体的每个环节都要参与进来，从工厂、分销商、发货商、仓库一直到店铺，这样每个环节都不存在数据缺口。非特异性商品区块链溯源的经济效用不强，具有经济外部性。在食品药品安全领域，政府监管将经济外部性内部化，将对区块链商品溯源的弱需求转换为强需求；在其他非政府监管领域，经济外部性较强，对区块链防伪溯源的需求较弱。

在弱溯源领域，区块链技术与大数据技术结合，可以解决某些特定场景下的物品溯源需求，比如食品溯源。食品，属于无特异性产品，每个产品雷同，无法区分。针对食品的溯源，可以将食品从种植、生产，到流通的所有环节上链，将每个环节的商家数据上链，构建商品流通的商家信息闭环数据。最终用户在获得产品时，虽然无法证明产品本身是真是假，但是用户可以获得产品的流通数据，进而模糊判断本次获得的产品是否属于真实流通渠道的产品。这种"区块链 + 大数据"的溯源，我们称为"**模糊溯源**"。模糊溯源只能通过流通闭环信息以概率的方式给出产品的真实性参考，并不能保证某个产品的唯一真实性。模糊溯源在农业溯源领域也有一定的价值。

5.3.3　商品溯源案例

1. 强溯源案例

基于区块链的商品溯源对钻石这样的高价值特异性商品具有重要意义。据行业数据披露，钻石等产品终端售价的 80% 被流通环节消耗，大多为房租等非增值性消耗。基于区块链的商品溯源体系将重建商业信用机制，压缩流通环节消耗，将节约出来的成本分配给消费者和剩余产业链环节。

戴比尔斯（De Beers），全球最大的钻石开采公司，自 2018 年 1 月起采用了 Tracer 钻石溯源系统，利用这一技术实现"从矿场到消费者"的全价值链对钻石商品进行防伪溯源。

IBM 在 2018 年春季公布了 TrustChain 钻石认证计划，与一系列黄金和钻石企业包括矿商和零售商，以及第三方检测实验室合作，目的是"为消费者提供信任链"。此前，整个流程中的每个阶段都有自己的跟踪和验证系统，大多数工作是在纸上或是早已过时的软件上面完成。通过 TrustChain，所有信息都可以在一个在线平台上获得，包括钻石的重量和特征、黄金的提炼、珠宝的库存单位和价格，以及最终的零售商等。

2. 食品药品溯源

近十年来，从苏丹红鸭蛋、地沟油，到镉大米、毒胶囊，我国食品药品安全问题时有发生，消费者对食品药品安全的信任逐渐降至冰点。在这种形势下，食品药品安全迫切需要引入科学有效的监管机制，而溯源是重要的手段之一。实际上，早在 2004 年，我国已经着手建立可追溯管理体系，但时至今日仍未能实现全面有效的食品追溯。这是因为现代食品的种植养殖生产环节繁复，加工程序多、配料多，流通进销渠道复杂，出现食品安全问题的概率大大增加，相应的追溯和问责的难度也不断上升。

案例 1：沃尔玛与 IBM 合作可信食品计划

IBM 推出了一个新的食品供应链区块链工具，可以追踪食品的供应链路径。IBM Food Trust 使用区块链技术在食品供应链中创造前所未有的可见性和问责制。它通过食品系统数据的许可，永久和共享记录连接种植者、加工商、分销商和零售商的每一个生产环节的信息。

沃尔玛基于 Food Trust 工具把绿叶蔬菜放在区块链上，以保证实时的、端到端的、从农场到餐桌的产品跟踪并加速食品安全问题的识别、研究和反馈。沃尔玛（中国）区块链试点项目能够在 2.2 秒的时间内有效追踪所有绿叶蔬菜的源头。而此前，这一过程需要花费 6~7 天。

案例 2：家乐福 Auvergne 鸡

零售业巨头家乐福首次在法国使用区块链技术进行商品溯源，其标志性的产品是家乐福 Auvergne 鸡。消费者通过扫码能够找出每只鸡的饲养地点和方式、农民的名字、使用的饲料、是否使用过抗生素治疗等信息。鸡从农场到商店的整个过程都将被跟踪记录。截至 2021 年 6 月，家乐福已经推出八种应用区块链溯源技术的产品，如鸡、鸡蛋、奶酪、牛奶、橙子、西红柿、鲑鱼和碎牛肉，其创新的系统设计保证了消费者完整的产品可追溯性。

案例 3：疫苗电子追溯系统

2019 年 6 月 29 日，中华人民共和国第十三届全国人民代表大会常务委员会第十一次会议表决通过了《中华人民共和国疫苗管理法》（以下简称《疫苗法》），《疫苗法》于 2019 年 12 月 1 日开始施行。

《疫苗法》第十条规定国家实行疫苗全程电子追溯制度。国务院药品监督管理部门制定统一的疫苗追溯标准和规范，建立全国疫苗电子追溯协同平台，整合疫苗生产、流通和预防接种全过程追溯信息，实现疫苗可追溯。疫苗上市许可持有人应当建立疫苗电子追溯系统，与全国疫苗电子追溯协同平台相衔接，实现生产、流通和预防接种全过程最小包装单位疫苗可追溯、可核查。疾病预防控制机构、接种单位应当依法如实记录疫苗流通、预防接种等情况，并按照规定向全国疫苗电子追溯协同平台提供追溯信息。

在《疫苗法》的要求下，疫苗将全程使用冷链运输，并对运输过程中的实时温度、湿度等信息全程追溯，以确保疫苗的合规、有效使用，并能在发生问题后迅速定位责任人与事故原因。区块链技术结合物联网技术将在疫苗全过程溯源中发挥重要作用，如图 5-11 所示。

5.3.4　溯源面临的问题

区块链技术为溯源、防伪场景提供了有力的工具。但是区块链追踪实体货物的一个巨大障碍在于如何从源头上确保数据的真实性。常见的解决方案如下：

图 5-11　"区块链 + 物联网" 实现疫苗全过程追踪

1）更多地利用 NFC（近场通信）、RFID（射频识别）等物联网相关技术，以技术录入替代人工录入；

2）在有法律效力的供货合同里对数据上传行为进行明确的规范，让供应商对自己上传的信息的真实性承担相应的法律责任；

3）发动供应链上关键环节各关键利益方的能动性，建立适合的互证机制。

在防伪打击假货层面，区块链溯源只是一种手段、一种工具，如果没有政府监管部门、检测检验部门等相关部门的监管机制配合，一切都是空谈。这就需要强有力的监督机制与惩罚措施配合。一旦发现商家上传的数据存在造假，必将通过法律手段严惩不贷，同时利用区块链溯源配合相关部门及时进行问题商品的精准召回，这样才能实现有效的防伪溯源，提升整个产业链的执行效率。

并不是非要使用区块链技术才能实现货物追踪，但通过将相关环境信息上传至区块链，可以根据运输过程中可能发生的环境变化自动执行智能合约，比如疫苗运输过程中的环境数据超标将导致疫苗失效，这意味着基于区块链技术方案的自主权与问责制度将要比手动、劳动密集型流程更可靠也更有效率。

但是由于物联网设备会长期存在于生产、运输等外部环境且无人看管，因此其必然面临着数据遭到篡改，甚至物理结构遭到破坏等风险的威胁。因此，区块链商品溯源方案不仅需要保证收集到的数据经过严格的安全加密，同时也要确保所使用的设备足以抵御恶劣的天气以及居心不良者的攻击。

5.4　公司的解体——企业组织方式变革

在"4.1.2 通证经济及其经济学基础"小节里我们介绍过"科斯定理"。罗纳德·哈里·科斯在讨论产业企业存在的原因及其扩展规模的界限问题时，创造性地以"交易成本"来解释企业的存在以及区分企业与市场的边界。当市场交易成本高于企业内部的管理协调成本时，企业便产生了。企业的存在正是为了节约市场交易费用，即用费用较低的企业内部交易代替费用较高的市场交易；当市场交易的边际成本等于企业内部的管理协调的边际成本时，就是企业规模扩张的界限。

数字化技术及其应用，大大降低了信任成本，着重解决了信息互联网时代无法解决的基于信任的交易成本问题。在信息互联网时代，中心化技术降低了基于信息的交易费用；在价值（信用）互联网时代，区块链技术降低了基于信任的交易费用。数字化技术带来的交易成本降低，必然伴随着新的组织制度安排。

2020 年新冠肺炎疫情，让居家办公成为必要的选择。然而，2021 年 5 月，谷歌宣布即使新冠肺炎疫情结束后，也将允许大约 20% 的员工彻底进行远程办公。同时，60% 的员工不必每日去公司办公，可以选择某几天去公司。2021 年 6 月，国际资管巨头富达国际对外宣布推出全新的"灵活工作"机制，可以让遍布全球 25 个国家和地区的员工找到最适合自己的工作模式，灵活选择在家或在办公室工作。所谓灵活的模式，除了工作地点可以灵活选择外，还适用于工作时间。根据 IDC（国际数据公司）的一份预测，截至 2024 年，美国将有 60% 的劳动力选择远程办公。而根据 Slack 举办的未来论坛（Future Forum）公布的数据来看，只有 12% 的脑力工作者希望回到办公室，72% 的人则希望选择混合远程办公模式。

在传统的工业经济和制造业时代，工人是机器设备、厂房等固定资产的附属。离开了工厂，工人个人无法进行生产。在服务型经济和信息化、数字化时代，个人不再依赖于工厂，甚至在某些高端服务业态中，比如设计、咨询（财务、法律、金融、商业等）、直播带货等新兴专业服务业，个人不再依赖于公司，就可以完整地对外提供服务。因此，在高端专业的服务业领域，公司组织正在面临解体，新个体经济（个人独资企业、合伙企业等形式）正在崛起。

"1099 经济"这个名词源自美国，其意是指企业不按照传统企业模式雇用员工（雇用员工在美国报税要填 W–2 表）提供服务，而选择与个人或者团体以独立供应商的身份（填报 1099 表申报收入与税）合作提供服务。"1099 经济"这个概念命名突出了其中的劳工法律关系，实质为即时应需（on–demand service）的新个体服务经济。

"1099 经济"模式对公司的好处是：更低的成本，更少的责任，可以迅速扩大和缩小劳动力的能力。在"1099 经济"模式中，具体提供服务的个人不再是企业的员工，而是企业的独立供应商。据统计，美国目前约 40% 的劳动力参与"1099 经济"，即利用共享经济平台提供个人服务的多岗位、非固定就业。麦肯锡专家预测，在 2030 年美国将有高达 80% 的劳动力参与"1099 经济"。

在"1099 经济"模式中，企业内部和外部的边界逐渐模糊，企业组织液态化，"自由组合、自由流动"。企业家指挥的生产变少了，而交易活动变多了。大量的商业流程被流动的数据所驱动，并在企业之间展开灵活组合，新的组织边界也呈现为一种网状交融的格局，企业组织由此将进一步走向开放化、社区化。

"1099 经济"时代的人力资源管理面临着新的挑战，包括人员稳定性无法保障，人员服务质量不好控制，以及新的临时性雇佣关系面临的法律和管理的滞后等问题。技术手段决定组织方式，人类改造世界的技术手段决定了人类协作的组织方式。数字化技术将为"1099 经济"的组织方式提供可信技术支撑平台，同时对个人独立供应商提供服务信用评价，并提高管理运行效率。

基于数字化技术构建围绕特定行业的服务众包平台，将打破原有企业的组织结构和组织方式，形成围绕特定行业的服务交易市场，行业分工精细化、专业化，互相监督、自由竞争，打造特定行业的分布式自治组织，如图 5-12 所示。

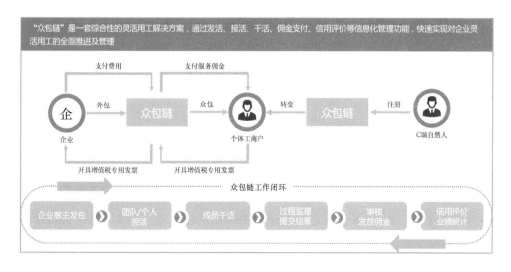

图 5-12 "众包链" 赋能 "1099 经济"

数字化技术在"众包链"场景中，重点解决的是信用评价的问题。区块链通过数字身份和信用评价系统，使服务提供者可以通过验证他们的身份和历史记录来"证书化"自己。评价质量和数量在许多在线市场都是早已固定的"商业催化剂"，评价欺诈和干预（正面和负面评价）是所有在线市场面临的问题。区块链可以建立一个抗干扰的评价生态系统，必须有真实评价者的电子签名，附加验证评价者的确有购买行为（和支付），评价才会被接受，并基于区块链平台提供可追溯、抗干扰的历史评价交互记录。一个安全、抗干扰的、基于区块链的系统可以提供更加可信的用户隐私安全和服务信用评价，有利于行业的规范发展，构建基于特定行业的信用治理共同体。

2017 年以来，60% 以上的劳动纠纷案件的诉讼请求集中在劳动关系确认、解除劳动关系经济补偿或赔偿金给付、工资和加班工资支付等事项上。基于数字化技术的众包平台将在特定行业实现将劳动雇佣关系转变为商务外包关系，减少劳动纠纷，实现企业与劳动者的现代化"按劳分配"关系。

5.5 可信交易——激发产业新动能

5.5.1 构筑数字化分布式智能电网

传统发电站都是集中式的大型发电站，因为环保、生产成本等原因通常需要长距离输电才能送达用户，如火力发电站、核电站、水电站和大型风力发电站。大电网、高压电、大机组是传统供电系统的特点。传统集中式供电系统产能效率高且便于管理，然而长距离输电配电过程中的能量耗散也非常大，系统的容错率较低，且灵活性小。传统电网一旦出现故障，其影响范围广、修复难、损失大。

分布式电力能源系统利用自然、地理、能源分布的特点在当地小规模发电，就地供电，灵活性极高，且能积极响应用户需求，为偏远地区供电难的问题提供了解决方案。分布式电力能源系统是可以满足日常用电需求的小型电力能源与传统电力系统高度融合的产物。分布式电力能源增强了传统电网系统的可靠性，并且为用电用户提供了多种选择。随着太阳能发电技术、风力发电技术的不断发展，此类新能源发电成本不断降低，使得太阳能发电和风力发电目前以分布式新能源发电的形式被广泛应用于社区和家庭发电。

由于分布式电力能源系统的自身特点，其发展陷入了困境。首先，分布式发电能源的类型繁多、发电能力不同、数量庞大、地理分布分散，致使人工管理、调度、维护非常困难；其次，风、光等新能源的发电量完全依仗自然条件，不可准确预测，且不稳定，再加上设备投入与维护费用较高，使得其利润低微甚至无法保障。这两大难题使得中心化的供电管理无法建立。

随着物联网（IoT）技术的高速发展和分布式能源的普及，电力已具备成为成熟数字资产的基本条件，进而催生了社会对交互式能源（Transactive Energy）的需求。交互式能源的核心是对电力这一数字资产的流通和交易进行系统化管理，而区块链的分布式特性，及其具体应用（如智能合约）对于数字资产交易效率的提升与交互式能源的核心理念不谋而合，为交互式能源的实施落地提供了切实可行的解决方案。

数字化技术可以将能源生产商和能源消费者直接联系起来，从而简化各方的相互联系和相互影响。在这种新型的能源系统中，小型分布式电源（通常指可再生能源的分布式电源）生产的电力将直接通过微电网供应给终端电力用户。利用区块链技术，发电量和用电量将通过智能电表计量，交易业务和支付业务将通过智能合约的控制的支付形式实现，如图 5-13 所示。

2016 年 4 月，美国能源公司 LO3 Energy 与西门子数字电网合作，建立了布鲁克林微电网——基于区块链系统的可交互电网平台 TransActive Grid，该项目是全球第一个基于区块链技术的能源市场。这个微电网项目实现了社区间居民的点对点电力交易，允许用户通过智能电表实时获得发电、用电量等相关数据，并通过区块链向他人购买或销售电力能源。用户不需要通过公共的电力公司或中央电网就能完成电力能源交易。用户通过手机 App 在自家智能电表区块链节点上发布相应的智能合约，基于合约规则，通过西门子提供的电网设备控制相应的链路连接，实现能源交易和能源供给。

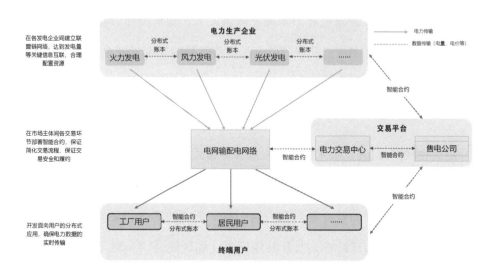

图 5-13　数字化分布式智能电网

2019 年 11 月 21 日，美国佛蒙特州最大的电力公司开始使用区块链平台 LO3 Energy 试点新能源市场项目，预计在未来 5 年内实现 100% 使用可再生能源的目标，并基于区块链技术实现点对点交易电力。

5.5.2　让私有充电桩焕发新活力

随着"国家新能源发展战略"的提出，新能源汽车正在加速发展，汽车行业面临巨大的变局，而区块链技术在能源领域的广泛探索，可以助力电动汽车新业态的成型。

公安部发布统计数据显示，截至 2020 年年底，全国新能源汽车保有量达 492 万辆，占汽车总量的 1.75%，与 2019 年年底相比增长 29.18%。随着新能源汽车大量落地使用，充电难的问题也接踵而至。据统计，现有的电动汽车中 80% 为私家日常使用，而私用车主对充电场地和充电价格更为敏感，追求更便利的充电方式。但现有的定点公用充电桩并不能满足其日益增长的充电需求。基于此，共享私有充电桩将是未来解决电动私家车出行的重要手段。

在现有技术下，私有充电桩共享难点重重：不同充电桩运营商之间的数据难以互通，"人"的信息不透明，监督机制缺失，无统一规范的收费标准，导致了用户和桩主不敢轻易进行交易，担心得不偿失。简单来说，私有充电桩无法共享的根本原因在于交易双方无信任感。但区块链的出现打破了这一僵局，因为其本质上就是一个构建信任机制的"机器"，可作为解决共享充电问题的一个技术手段。

将不同的充电运营商通过简单的接口方式与区块链平台对联，构建充电服务平台。该服务平台存有用户和桩主的个人加密信息，交易产生前，双方均可下载解密数据，相互了解对方的信用程度，保障交易的顺利开展。当交易双方充分认可且确认执行交易时，区块链将形成多方监督、不可更改的智能合约。完成交易后，数字化平台可确保每一笔资金无法抵赖地划拨到指定账户（见图5-14）。

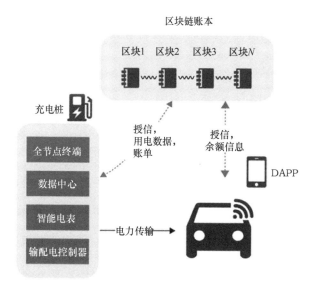

图 5-14　充电桩共享数字化服务平台

收集的电动汽车充电数据，可以与安装在充电桩上的智能电表进行交互，再通过智能电网的大数据平台，将充电器速率、位置和使用数据等信息分享给电网中庞大的客户源使用。

安装在充电桩上的智能电表区块链模块均有唯一的数字身份节点，当私家车主需要使用充电桩时，智能电表可以收集该充电桩电量和地处位置并实时推送给车主，用户通过移动终端可监控实时电量和充电桩的使用情况。在交易发生时，智能电表区块链模块将记录所有的电力交易数据、交易时间点和购电充电双方的个人标识，将不可篡改的加密数据上传至电力交易监控平台，确保点对点形成交易依据，该数据可提供给交易方和监督方参考使用。

电力交易监控平台通过智能合约设定好统一标准的交易电价、交易电量和交易条件，智能合约产生后，平台将自动判别网络范围内购电方和售电方的电力交易规则，随后进行电力交易或结算，确保交易合理、透明和规范。

总而言之，数字化技术不仅可以增加私有充电桩的使用率，解决电动汽车充电难的问题，还可以促进电动汽车的发展，实现节能减排与能源转型。充电桩网络的搭建有巨大的潜力，民营充电桩将有效弥补集中式充电桩带来的不足，加速充电桩网络的建设。

5.5.3　共建共治共享 5G 网络设施

2019 年 6 月 6 日，工业和信息化部向中国电信、中国移动、中国联通和中国广电 4 家企业颁发了"第五代数字蜂窝移动通信业务"经营许可证，5G（第五代移动通信技术）元年正式到来。根据咨询机构的数据显示，到 2035 年 5G 将促使全球经济产出增加 4%，5G 产业规模将高达 12.4 万亿美元，并创造 2200 万个工作岗位。也正因如此，5G 成为世界各国竞争的"制高点"。

5G 在大幅提升"以人为中心"的移动互联网业务体验的同时，全面支持"以物为中心"的物联网业务。5G 将满足人们在居住、工作、休闲和交通等各种区域的多样化业务需求，更可以与工业设施、医疗仪器、交通工具等融合创新，有效满足工业、医疗、交通等垂直行业的多样化业务需求，实现真正的"万物互联"。

1. 5G 网络建设面临的困境

5G 的快速发展给网络建设带来了发展机遇和挑战，5G 在频谱、网络架构上与 4G（第四代移动通信技术）网络差异较大，传统网络建设模式无法满足 5G 需求。5G 建设的难点主要有两方面：首先，5G 网络的建设成本比 4G 网络高。在带宽方面 5G 比 4G 更富裕，但是频率高也是 5G 不得不面对的现实。由于无线信号频率越高，传播损耗越大，覆盖距离越近，所以 5G 如果想要达到和 4G 同样的覆盖效果，就需要更多的 5G 基站。因此，5G 网络的建设成本随之增加。其次，5G 网络建设面临部署选址难的问题。为了给用户提供更高的通信速率，5G 网络需要缩小小区半径，这也造成了 5G 基站数量需求量大，从而导致建设成本高。正是由于 5G 基站的数量远多于 4G 基站，无论是既有网络的改造还是新建网络都需要大量的新站址资源，因此，在 5G 网络的建设中，站址选择也成为一大难题。

根据 5G 产业链研究机构估算，5G 试商用阶段单个 5G 基站的价格约为 50 万 ~ 60 万元，5G 部署成熟期的单价会降至 30 万 ~ 40 万元。另外，5G 网络的部署还包括传输网、核心网，传输网折合到单个基站上的成本约为 5 万 ~ 10 万元，核心网在部署初期的造价约为 1000 万 ~ 3000 万元。5G 通信基站的密度和单机耗电是 4G 的 2 ~ 3 倍。基站多、基站贵、耗电多，5G 网络基础设施建设的总投资预估为约 1.5 万亿。4G 刚建成几年，当初的投资尚未回本，又要面临 5G 网络建设的大笔支出，并且 5G 的"杀手级"应用还未出现，投资回报率不明。

2. 共建共享破解 5G 建网成本高的难题

通过实施跨行业共享，可以大幅提升 5G 网络建设效率。通过共享路网和电网现有的管道、电源、杆塔和光缆纤芯资源，可以大幅减少 5G 建设进场协调任务和工程量，从而显著提升 5G 建设效率，加快 5G 基站的建设布局。

随着智慧城市的建设，很多城市开始部署智慧灯杆，这些灯杆作为市政的基础设施集成了很多功能，包括照明、信息发布、Wi-Fi 覆盖、充电桩、环境检测（温度、湿度、控制质量等）等，这些智慧灯杆也可用于 5G 基站的部署。一是灯杆密集，可以解决 5G 基站密集部署的问题；二是可以解决 5G 基站的上挂问题。5G 网络基础设施建设应与政府相关部门进行沟通协调，在政府进行智慧灯杆规划部署时，把 5G 基站上挂的要求考虑进去，解决运营商 5G 基站选址难、进场难的问题。通过此方式共用基础设施，也可以降低 5G 网络的建设成本。

中国铁塔一直推动"通信塔"与"社会塔"的完美共享，积极储备社会杆塔资源供 4G、5G 新建站址备选。在 2017 年新建的站址中，有 1.5 万个建设需求利用了社会资源满足。例如，中国铁塔天津分公司已与公安、环保、气象、海事、交通、国土、石油等多个行业开展深度合作，社会化共享的铁塔站址近1500 个，在总体铁塔站址数中占比已超过 10%。

为了满足 5G 网络的需求，预计将会新增站址 300 多万个。中国铁塔预计，5G 网络建设将实现共享社会资源，超过 80% 的 5G 新增站址将会利用社会资源解决。如果其中 260 万个站址用社会资源解决，另外 40 万个站址为新建站址，将可减少投资 2500 亿元，节省土地 8 万亩（1 亩 ≈ 666.67 平方米）、水泥 5000 万吨、钢材 1500 万吨。

海南目前已经形成"电力通信塔"共享新机制，在全省范围内联合实施高压电力通信塔项目，全省光网基站共享电力塔、乡村水塔、路灯杆、城市治安监控、城管违章监控、国土环保监测、海洋渔业监控等杆塔资源。海南将原有的基站主要由铁塔公司和电信运营商单独建设模式，改变为共享开放通信基站所需的杆塔、土地、电力等公共资源，促进光网建设主要指标达到全国先进水平。此外，海南还在全国率先探索实施通信基站与高铁电源共享模式，在海南西环高铁沿线基站使用高铁专网电源系统。

3. 资产数字化协调利益分配机制

充分利用社会资源共建 5G 网络基础设施，需要利用市场化手段解决社会资源的共治和共享机制问题。将 5G 基础设施资产数字化、通证化，形成 5G 建设与发展利益共同体，能够助力高效实现 5G 网络覆盖，快速形成 5G 服务能力，增强 5G 网络和服务的市场竞争力，提升网络效益和资产运营效率，达到互利共赢。

首先，为 5G 社会杆塔资源建立数字身份，对杆塔的所有权、使用权和收益分配权进行数字化确权。基于通证交易实现 5G 网络基础设施的治理与收益分配，将资源贡献方变成利益相关方。

其次，随着数字经济的不断深入发展，行业和消费者对 5G 生活充满期待，但 5G 网络在全国范围的覆盖、应用和普及有一个渐进过程。通过网络共建共享，各个利益相关方将推动加快用户和基于 5G 的社会化应用接入 5G 网络。5G 示范效应更加凸显，加速 4G 向 5G 的迁移。

最后，资产数字化构建 5G 网络建设的多方协同治理和利益分配机制，将通过共建、共享资源开放，推进 5G 网络与实体经济深度融合，加速基于数据确权的融合应用，形成政府、行业、企业、社会协同共治的新格局。

5.6 案例：工程建筑行业的数字化转型

建筑业是国民经济支柱产业。《中华人民共和国 2020 年国民经济和社会发展统计公报》数据显示，2020 年全社会建筑业增加值 72 996 亿元，占国内生产总值的 7.18%，达到近十年最高点；2020 年，建筑业总产值占 GDP 总量的 26%，建筑业对 GDP 贡献较大、关联度高；2020 年，建筑业产值利润率为 3.15%，比 2019 年降低了 0.22 个百分点。"十三五"时期，建筑业企业单位数量从 2016 年的 83 017 家增加到 2020 年的 116 716 家，连续五年增速为正。建筑业从业人数于 2018 年达到最高点 5563 万人，而 2019、2020 年建筑业从业人员呈下降趋势。2020 年建筑业从业人员为 5366.94 万人，同比下降 1.1%，从业人员减少 61 万人，连续两年从业人员增速为负。2020 年按产值计算劳动生产率为 422 906 元/人，同比增长 5.8%，增速下降 1.3%。建筑行业作为国民经济重要行业正面临增速放缓、利润下滑、竞争加剧、人口老龄化导致用工短缺等一系列难题。工程建筑行业的数字化转型迫在眉睫。

数字建筑是指利用数字化技术引领建筑产业转型升级，它运用制造业智能制造的理论与方法，在建筑业实现人员、流程、数据、技术和业务系统集成，实现工程建设的全过程、全要素、全参与方的数字化、在线化、智能化、平台化，从而构建项目、企业和产业的平台生态新体系。数字建筑，是虚实映射的"数字孪生"，是驱动建筑产业的全过程、全要素、全参与方升级的行业战略，是为产业链上下游各方赋能的建筑产业互联网平台，也是实现建筑产业多方共赢、协同发展的生态系统，⊖如图 5-15 所示。

⊖ 袁正刚. 引领建筑产业转型升级，解码数字建筑产业平台［EB/OL］. (2017-05-22)［2021-11-12］. http://news.xinhuanet.com/itown/2017-05/22/c_ 136304660.htm.

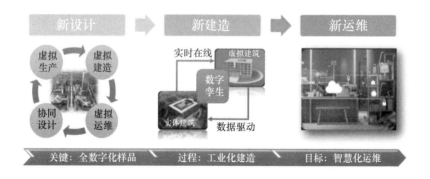

图 5-15　数字建筑是虚实映射的 "数字孪生"

在操作层面，工程建筑行业数字化转型充分利用 BIM（建筑信息模型）和区块链、大数据、物联网、移动互联网、人工智能等信息技术引领产业转型升级，如图 5-16 所示。在工程建筑行业的数字化转型中，综合利用六个数字化平台来带动全行业的创新发展，即数字化全过程造价管理平台、"区块链 + BIM"一体化协同工作平台、数字化集采与供应链管理平台、立体化智慧工地解决方案、数字化工程项目监理，以及行业监管与数字政务综合应用等。

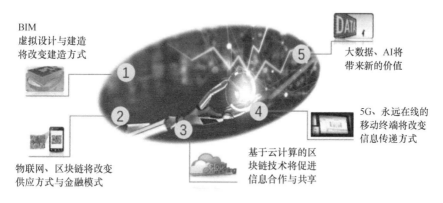

图 5-16　信息技术是驱动建筑业创新发展的新动能

5.6.1　数字化全过程造价管理平台

建设工程造价是贯穿工程项目决策、设计、交易、施工、运维全生命周期的关键性信息。建设工程造价数据是项目决策的依据，是制定投资计划和控制投资的依据，是项目筹资的依据，是利益合理分配和调节产业结构的手段，是评价投资效果的重要指标。

2020年7月24日，中华人民共和国住房和城乡建设部办公厅发布《住房和城乡建设部办公厅关于印发工程造价改革工作方案的通知》（建办标〔2020〕38号）（以下简称《通知》）。此前的工程造价管理，是在不断完善各项制度的基础上，全面推行工程量清单计价。但是，管理过程中仍然存在定额等计价依据不能很好满足市场需要、造价信息服务水平不高、造价形成机制不够科学等问题。在实践中，工程造价信息化系统较弱，工程造价管理软件连贯性不强，工程计价信息的标准化、时效性有待提高。《通知》通过改进工程计量和计价规则、完善工程计价依据发布机制、加强工程造价数据积累、强化建设单位造价管控责任、严格施工合同履约管理等措施，推行清单计量、市场询价、自主报价、竞争定价的工程计价方式，进一步完善工程造价市场的形成机制。

"数字造价管理"作为数字化技术与工程造价专业有效融合的行业战略，是造价管理成功的关键基础，是工程造价专业的创新焦点，是实现工程造价管理数字化的重要支撑，也是工程造价专业转型升级的核心引擎。数字造价管理通过各方的协作，基于大数据形成行业平台生态圈，让数据扮演主要角色，能够通过数据为行业赋能，让行业的决策水平和决策质量更高。

数字造价管理的核心是造价云。造价云平台以我国的工程造价管理体系和工程造价信息管理的内容为基础，构建以方法库、工具库和数据为主要内容的信息系统。其核心价值在于多维的数据集成、信息共享、各方协同；能够实现模拟设计、建造和工程管理，并提高管理绩效。造价云是集成工程造价数据库、云审核、云支付、工程造价BIM应用在互联网上的综合应用平台。造价云分为公有云和私有云。公有云收集沉淀公共数据，私有云积累内部数据。

数字造价管理的目标是智能化计价。智能化计价利用"云 + 大数据"技术积累造价数据，通过历史数据与价格信息形成自有市场定价方法；通过造价大数据结合人工智能技术，实现智能开项、智能算量、智能组价、智能选材定价、价值提升，有效提升基建管理工作效率及成果质量，如图 5-17 所示。

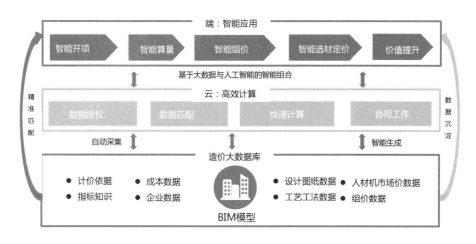

图 5-17　智能化计价

5.6.2　"区块链 + BIM"一体化协同工作平台

建筑行业的信息化从 20 世纪 90 年代起大体可以划分为三个阶段：

➤ 第一个阶段是 1990～2000 年，这一阶段的特点是单机应用，主要是 CAD（计算机辅助设计）的普及化，即设计阶段从传统的手工绘图到省时省力、更精确的计算机绘图。

➤ 第二个阶段是 2000～2010 年，这一阶段的特点是整个建筑施工领域各个环节的业务陆续使用一些专业的应用系统，主要解决项目中的管理、协同和施工等问题。从这个阶段的特点就能看出来，大量的专业系统会产生大量业务数据，而且这些数据是孤立分散的，是一个从无到有的过程。但由于没有统一规划，或者各子系统开发的间隔时间长，大部分工程建筑企业在进行信息管理软件的开发时，采用的技术不同，导致功能模块之间相对独立，数据不能共享，彼此之间属于"信息孤岛"，无法真正实现计算资源、存储资源、软件资源、数据资源的共享。

> 第三个阶段是2010年至今，这个阶段是以BIM（建筑信息模型）作为载体，围绕着建筑项目的信息化进行技术和管理信息化的横向打通，在这个阶段国家也发布了一系列的政策和指导意见。住房和城乡建设部为指导和推动BIM的应用，于2015年印发了《住房城乡建设部关于印发推进建筑信息模型应用指导意见的通知》（建质函〔2015〕159号）。

BIM是以建筑工程项目的各项相关信息数据为基础建立的数字化建筑模型，它具有可视化、协调性、模拟性、优化性和可出图形五大特点，给工程建设信息化带来了重大变革。BIM为设计、施工、造价等各环节人员提供"模拟和分析"的协同工作平台，他们利用三维数字模型对项目进行设计、建造及运营管理，最终使整个工程项目在设计、施工和使用等各个阶段都能够有效地实现节省能源、节约成本和提高效率。

BIM技术将为施工企业项目精细化管理、企业集约化管理和信息化管理带来强大的数据支撑和技术支撑，突破以往传统管理技术手段的瓶颈，带来项目管理革命。在项目决策阶段，需要评价项目的可行性、工程费用的估算合理与否，做出科学决策；在设计阶段，三维的图形设计，使得建筑、结构、设备、电气、暖通等各领域专业设计人员可以更好地分工合作；在招投标阶段，直接统计出建筑的实物工程量，根据清单计价规则套上清单信息，形成招标文件的工程量清单；在施工阶段，利用BIM添加时间进度信息，就可以实现4D（四维）模拟建造，分析统计每阶段的成本费用，进行5D模拟；在运营阶段，利用BIM进行数字化管理；在拆除阶段，利用BIM分析拆除的最佳方案，确定爆破方案的炸药点设置是否合理，可以在BIM上模拟爆破的坍塌反应，评价爆破对本建筑及周边建筑的影响。

但是，目前 BIM 的应用仍然存在"三不统一、两不完备"问题：系统不统一、BIM 标准不统一、BIM 应用管理不统一；基础数据和构件不完备、国内软件开发不完备。

BIM 的价值最大化体现在全生命周期的应用上，但目前设计、施工、运维各阶段 BIM 的交接、数据的传递标准，项目各参与单位的工作流程、协作机制还没有建立，BIM 的价值并没有得到充分的发挥。虽然应用了 BIM，但只是开发和利用了其中的一小部分功能，造成了资源浪费。设计院从设计优化、辅助出图的角度来做 BIM，而施工单位用 BIM 技术辅助施工图深化设计、虚拟施工进度及处理复杂节点施工，设计应用和施工应用对模型应用的标准各不相同，导致信息共享受阻，缺少可以从设计阶段延续到施工和运营阶段的设计模型。

"区块链 + BIM"一体化协同工作平台基于区块链技术实现工程建设过程中不同主体之间的数据共享，解决工程建设不同主体的数据不一致问题，消除数据不一致带来的灰色地带。"区块链 + BIM"一体化协同工作平台可以实现工程建筑项目全生命周期的数字化管理。利用数字化技术和数字资源，在全过程造价管理理念的牵引下，"区块链 + BIM"一体化协同工作平台融合多方信息，通过数字化技术智能分析快速决策，实现工程建设项目的管理愿景；在云端平台的作用下通过业务互补、技能互补、资源互补、信息互补的生态合作方式整合生态的优势资源服务于项目的管理过程，有效保障项目的成功，如图 5-18 所示。

5.6.3　数字化集采与供应链管理平台

伴随工程建筑企业物资管控力度的逐步加大，各大企业已开始重视、搭建数字化集采电商供应链管理平台，并加强对下属企业物资采购的统一管控。

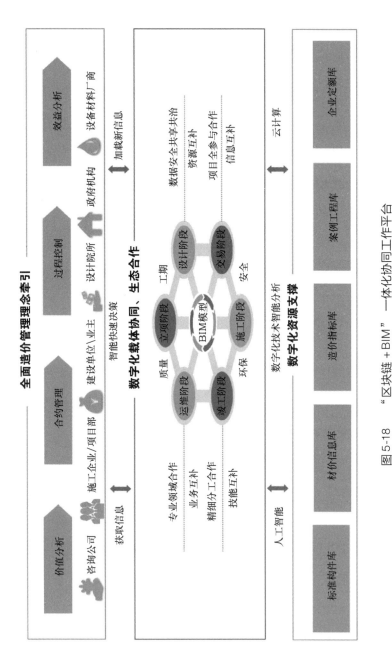

图 5-18 "区块链 + BIM" 一体化协同工作平台

大中型企业分支多，采购管理不统一，数据不透明，而传统采购模式流程烦琐。数字化采购可以对企业下属单位物资采购进行跟踪，建立有效的跟踪监督机制，为企业进行采购决策提供及时、可靠的信息，进而能够及时、准确地制定集团采购计划，实现按需采购；方便集团进行物资采购价格的有效分析，进一步优化集采平台电商物资的谈判定价工作；同时能够有效对集中采购物资供应商进行科学、及时、准确地评估，从而使集团集中采购的优势有效发挥，达到降低采购成本、提高采购作业整体效率的作用；实现集团对下属单位物资采购的有效跟踪，建立有效的跟踪监督机制；为集团进行采购决策提供及时、可靠的信息。

随着集采平台的发展逐渐成为行业趋势，集采平台也逐渐走向智能化、系统集成化。基于数字化驱动的供应链管理，通过采购需求、供应资源、交易行为、物流配送、资金运转等关键环节，进行数字化、在线化、集成化管理，运用数字化技术集成供应资源与施工现场形成一体化的智能供应链。实现在设计阶段为设计师提供物料辅助选型、辅助数字化设计；在施工阶段优化物料运输方案，助力工程项目数字化管理。通过精准的数字化采购需求，促进建筑产业转型升级，如图 5-19 所示。

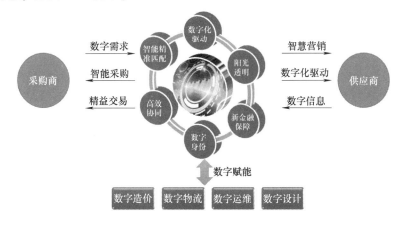

图 5-19　数字化集采与供应链管理平台

数字化集采与供应链管理平台的基本功能如下：

➤ 建立供应商品牌数据库，完善供应链生态，业务员在系统数据库中可快速精准地找到供应商。如果可以根据询价单在数据库中自动匹配出供应商，业务员则可直接联系渠道商填写报价表，大大提高报价率。

➤ AI 大数据算法还能提供产品真实场景使用案例，找寻可替代产品，检测产品价格趋势。用户免于通过浏览不同的网页信息及平台进行烦琐的询价、报价工作。

➤ 在线生成电子订单，通过供应商品牌数据库分配订单信息，各供应商线上填写物流单号，生成实时物流动态。面向企业生成可视化财务报表，帮助完成年度计划的制定及业务布局。

5.6.4 立体化智慧工地解决方案

智慧工地通过移动互联、物联网、云计算、大数据等新一代的信息技术，实现建筑工地的信息化、精细化管理，真正体现安全生产、科学管理，逐步解决传统工地的人员管理难度大、信息更新不及时、安全无保障、环境污染等问题，及时了解项目人员的动态信息、工地项目进展情况。

智慧工地通过对施工现场"人、机、料、法、环"等各个关键要素的全面感知和实时互联，与云端虚拟工地相互映射，构建虚实结合的立体化、智慧化工地管理，实现对工程现场的精细化管控，如图 5-20 所示。

➤ 在人员方面，可以通过闸机、智能安全帽、单兵设备等实时感知工人的进出场状态甚至场内移动作业信息；

➤ 在机械方面，目前施工现场的绝大多数机械设备如塔吊、卸料平台等都可以实现数据的记录、采集和分析；

➤ 在物资、材料方面，借助进出场的自动称重和点验环节实现物资、材料的动态监控；

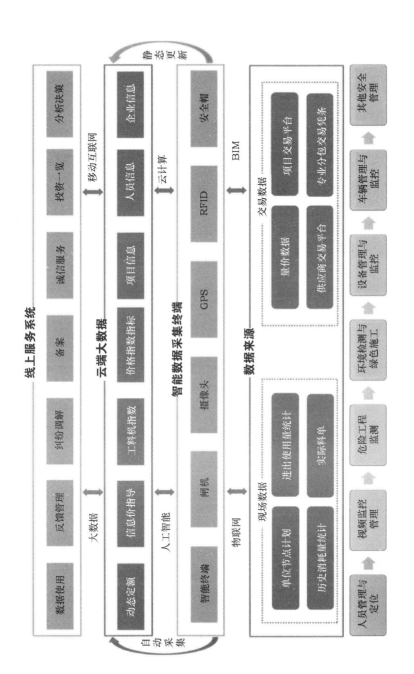

图 5-20　虚实结合的立体化智慧工地管理

➤在工艺、工法方面，通过 BIM 等数字化手段实现相关工艺工法的模拟、优化和交底；

➤在环境方面，利用现场设备、作业检查等手段实施场地内环境和工作面环境的数字化处理和记录。

虚实结合的立体化智慧工地管理不仅解决了工地管理上的安全生产和科学管理问题，还可以让施工过程中的现金支出更加科学，有依据。在现实中，施工企业每天都需要支付大量的货款和人员工资，但实际上决策者完全不清楚是否应该支付，或支付的资金具体流向。虚实结合的立体化智慧工地管理可以为每日财务支出提供具体的明细分析，以**透明可视化**的方式为管理者提供决策支持。

5.6.5 数字化工程项目监理

工程建筑项目监理是指由独立的、专业化的社会监理单位，受业主（或投资者）的委托，对项目建设全过程实施的一种专业化管理。其内容主要是根据委托者的需要，对项目建设的过程进行监督管理，包括项目建设前期的可行性研究及项目评估、实施阶段的招投标、勘察、设计、施工等。具体而言，工程监理的工作为"三控、两管、一协调"，即控制工程建设的投资、建设工期、工程质量；进行安全管理、工程建设信息与合同管理；协调有关单位之间的工作关系。

2018 年，为贯彻落实国务院深化"放管服"改革，优化营商环境的要求，住房和城乡建设部决定对《建筑工程施工许可管理办法》进行修改，建设单位申请领取施工许可证，不再需要委托监理。为响应中央政策，2019～2020 年，北京、成都、天津、上海、广州、厦门已相继发文，部分工程项目不再强制要求进行工程监理。同时对于需要强制监理的项目，要求建立健全项目管理相关工作制度，对项目实施全过程管理，严格落实项目负责人质量终身责任。

在上述政策的影响下，工程监理行业面临转型升级的迫切要求。

第一，工程监理向全过程咨询服务等创新管理模式发展。工程监理为业主提供以效果为导向的、更具综合性的服务，也就是全过程工程咨询、项目管理或适应业主个性化需求的其他咨询服务。但是实际很多监理的工作范围就局限在质量和安全控制上，对于造价、进度、计划、协调等工作既不参与又不了解，对于建设整体目标的实现既无责任又无压力。在政府对委托监理的强制放松后，靠"程序性履职"吃饭的监理市场将会急剧收缩，只有能够切实为项目建设创造价值的监理企业才能突出重围。

第二，监理企业拓展业务，作为风险管理机构参与工程质量潜在缺陷保险中。监理企业通过有限次数的切片式检查，向保险公司提供项目缺陷和潜在风险的评估报告，以及质量是否合格的阶段性结论。监理企业要对报告的准确性负责，其准确程度直接影响相关方切身利益。这对监理企业的专业能力和历史数据积累提出了更高的要求。

不论哪一个发展方向，传统的"程序性履职"的监理工作方式都不再适应新的发展。工程监理的数字化转型将从以下三个层次展开：

1. 基于区块链的全过程工程咨询服务支持系统

全过程工程咨询是指涉及建设工程全生命周期内的策划咨询，包括前期可研、工程设计、招标代理、造价咨询、工程监理、施工前期准备、施工过程管理、工程检测、信息安全等级保护测评、工程财务审计、竣工验收及运营保修等各个阶段，旨在适应建设项目市场国际化需要，提高工程建设管理和咨询服务水平，保证工程质量和投资效益的综合性管理服务。

全过程工程咨询的特点如下：

➢ 一是全过程。围绕项目全生命周期持续提供工程咨询服务。

➢ 二是集成化。整合投资咨询、招标代理、勘察、设计、监理、造价、项目管理等业务资源和专业能力，实现项目组织、管理、经济、技术等全方位一体化。

➢ 三是多方案。采用多种组织模式，为项目提供局部或整体多种解决方案。

基于全过程自动化技术实现工程监理与合同管理的全生命周期服务，如图 5-21 所示。

2. 智能化的缺陷检测和现场监测

在全过程咨询信息一体化平台的基础上，通过人工智能提升"三控、两管、一协调"的效率，实现操作智能化及缺陷检查智能化，如图 5-22 所示。

通过基于智能算法的智能识别系统，对工程项目建设全过程产生的图像、文字、语音、视频等资料进行分析和诊断，为工程项目提供实时反馈和决策建议。如利用图像识别技术对混凝土裂缝、孔洞等施工缺陷进行自动识别；对钢筋等建筑材料进行自动盘点；对施工合同、招投标合同进行自动分析审阅；利用人脸识别监控人员进出情况；利用姿态识别监控工人的动态，记录工人工作时长；基于语音识别控制智能化喷淋系统。

3. 基于大数据的工程监理衍生金融服务

在全过程咨询信息一体化平台的基础上，形成工程/设备监理案例库、建材设备价格数据库、工程全过程清单数据库，并基于这三大数据库对外提供工程监理衍生的金融服务（见图 5-23）：

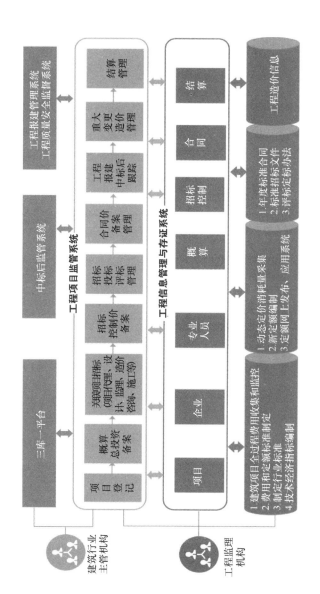

图 5-21　全过程工程咨询服务支持系统

图 5-22　智能识别系统提高人工效率

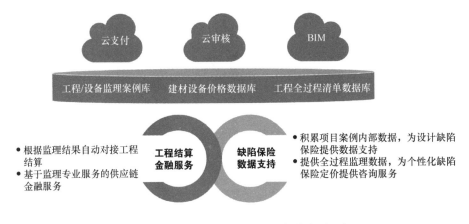

图 5-23　基于大数据的工程监理衍生金融服务

第一，工程结算金融服务。根据监理结果自动对接工程结算，以及基于监理专业服务的供应链金融服务。

第二，为工程缺陷保险提供数据支持。积累项目案例内部数据，为设计缺陷保险提供数据支持；提供全过程监理数据，为个性化缺陷保险定价提供咨询服务。

5.6.6　行业监管与数字政务综合应用

数据驱动的建筑市场监管，利用数据作为监管依据，以大数据分析等数字化技术作为决策手段，在搭建数据应用平台的基础上，通过引入国家信用平台等数据库，畅通信息渠道，打造完整的数据体系，实现智能化监管。

具体而言，通过交易平台采集交易数据，借助大数据分析技术形成决策依据，动态更新、实时准确地公开社会诚信信息，推动行业市场主体规范自身行为；通过引入国家信用平台，获取市场主体、从业人员信用信息，完善了公共资源信用体系，打破了信息孤岛，打造更加透明的诚信体系。基于数据驱动的建筑市场监管将打破行业壁垒和市场分割，规范统一的业务规则及数据格式，建立市场主体行为动态分析模型，对围标、串标等市场交易异常行为进行预警分析，推动市场良性发展，实现从传统监管向数字化监管的转变。

在施工现场管理方面，通过物联网技术及交易平台采集施工现场及交易数据，运用大数据分析形成监管依据，将"现场"执法检查的结果实时反馈给"市场"的监管，完善市场的管理，构建"市场＋现场"闭合联动机制，强化市场与现场的实时管理，提高行业管理的精准度和力度，提升行业监管水平。

与工程建筑有关的数字政务综合应用是集政府投资项目"批、付、选、建、管、审"于一体的信息化解决方案，打通全链条政府投资项目业务数据，以国家发改委联合各部门发布的 24 位统一项目代码，动态关联项目全生命周期数据，实现"一处申报、处处使用"的管理目标，建立完整的项目库、业务库、图档库、空间库数据。各主管单位按照"共建、共融、共享"的目标，实现各单位数据的统一管理，形成政府投资数据资源"合法、合规、合理"的规范共享，为工程建设领域的数字政府应用提供完整的数字化解决方案，如图 5-24 所示。

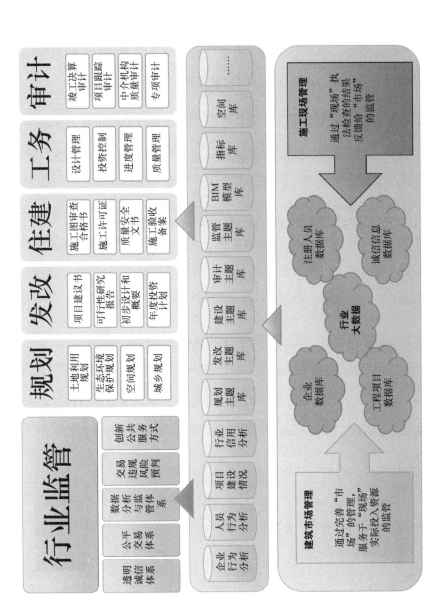

图5-24　行业监管与数字政务综合应用

总体而言，在数字化技术的推动下，产业组织方式正在面临新的变革：

第一，生产制造领域的变革。过去 20 年的全球化进程将产业链分割成无数的节点，并按照比较优势原理在全球分布，这客观上通过专业化分工提升了生产效率，但是也导致产业链条上存在数不清的数据孤岛和信息断点，经济体系错综复杂，库存周期成为经济分析与调控的重要影响因素。数字赋能的供应链金融将围绕产业链核心企业，将以前被割裂的产业数据链条再度连接起来，实现产业的纵向整合。

第二，销售领域的变革。在传统的技术手段下，销售体系的建设一般采用三级分销体系。信息不对称使区域窜货、假冒伪劣现象难以杜绝。数字赋能的商品溯源体系将改变传统的商业信用形成机制，消除商业流通环节的信息盲点，简化传统的多级分销体系，解决商品流通中的上述痛点问题。

第三，企业微观组织方式的变革。工业生产中，机器、厂房是必要的生产工具，按照科斯的交易成本理论，最佳的劳动组织方式是全职雇佣关系。但在服务型经济中，大部分服务工作可以凭借个人或者小团体完成，而且对重资产依赖很少，因此企业的组织方式正在发生变革。数字赋能的工作组织方式，将改变企业的内部管理成本和外部交易成本，进而改变企业的原有形态。

第四，新兴产业组织方式的变革。在原有的技术条件下，数据的缺失导致信任不足，最佳的新兴产业建设方式是集中建设。大型企业管理的复杂性导致产业发展速度和质量面临不确定性。数字赋能的可信交易，将消除数据和信任的不对称，将新兴产业的建设方式由集中建设推进到分布式建设和分布式交易，提升新兴产业的建设效率。

在现实中，任何数字化应用都是各种数字化技术的综合应用。工程建筑行业是最传统的行业，也是国民经济占比最重要的行业。以工程建筑行业为例，通过工程建筑行业的数字化转型综合解决方案可以展示如何综合利用数字化技术实现传统行业的数字化转型，希望这部分内容能带给读者启发，将数字化技术应用到更多的产业转型升级中。

第 6 章
———

数字时代的新金融

6.1　新时代的金融供给侧改革

2019 年 2 月 22 日，中共中央政治局就完善金融服务、防范金融风险举行第十三次集体学习。中共中央总书记习近平在主持学习时强调，要深化对国际国内金融形势的认识，正确把握金融本质，深化金融供给侧结构性改革，平衡好稳增长和防风险的关系，精准有效处置重点领域风险，深化金融改革开放，增强金融服务实体经济能力，坚决打好防范化解包括金融风险在内的重大风险攻坚战，推动我国金融业健康发展。

金融供给侧结构性改革是当前我国金融领域改革发展的主要方针。与从需求端出发的调控思维不同，金融供给侧结构性改革将侧重于以市场化方式和自主创新来释放生产力，并在高质量发展中防范化解风险。一方面重在优化融资结构和金融机构体系、市场体系、产品体系，使金融业为实体经济发展提供更高质量、更有效率的金融服务；另一方面通过基础设施建设、监管体系建设、制度建设等治理金融风险，平衡好稳增长和防风险的关系。

关于数字化技术对金融供给侧改革的基础意义，中国人民银行原行长、中国金融学会会长周小川在《中国金融》2019年第15期曾撰文指出："金融业本质上就是信息产业。金融业把信息处理看作是一种手段、工具，是一种科技对金融的支持，同时也确实认识到，金融业在很大程度上依赖于信息产业（IT）的发展。"因此，无论在完善金融服务还是在防范金融风险上，金融科技作为供给侧的重要内容，都能在数字化改革时代在金融领域的创新发展中发挥积极的、根本性的作用。

6.1.1 发展普惠金融服务实体经济

普惠金融（Inclusive Finance）这一概念由联合国在2005年提出，是指以可负担的成本为有金融服务需求的社会各阶层和群体提供适当、有效的金融服务。普惠金融是针对传统金融存在的金融排斥（Financial Exclusion）现象提出的金融服务定位。普惠金融希望让长尾客户享受到更多的金融服务，建立惠及民众的金融服务体系。

一直以来，我国经济金融的一个突出困境是"两多两难"，即中小企业多，融资难；民间资金多，投资难。普惠金融是解决我国"两多两难"困境的主要手段。

2016年1月15日，国务院印发《推进普惠金融发展规划（2016—2020年)》，推进普惠金融的发展，让所有市场主体都能分享金融服务的雨露甘霖。发展普惠金融是服务型社会来临的必然要求。在第四次产业革命中，数字化技术的广泛应用为普惠金融的实施提供了技术支持。

发展普惠金融，需要提升金融产品和服务质量，提高金融服务效率。围绕实体经济发展方式转变和结构调整要求，推进产品和服务创新，开发专业化、个性化产品，尤其要健全科技金融服务功能，加强对民营企业、小微企业和"三农"的金融服务。鼓励金融机构运用人工智能、大数据、云计算、区块链等新技术，优化业务流程，降低服务成本，不断增加金融服务的覆盖面、可获得性和便利程度，更好缓解民营和中小微企业融资难、融资贵的问题。

6.1.2 创新监管手段防范金融风险

传统意义上的金融监管模式是以政策监管、主体监管和事后监管为主。在金融混业经营以及新金融时代，金融科技的广泛应用要求新型监管模式。新型的金融监管以行为监管（功能监管）、科技监管和实时监管为主要特征。

在防范金融风险方面，金融科技沙箱（Fintech Sandbox）有助于加强金融科技化新阶段的消费者与投资者保护、市场诚信建设，协助维持金融稳定。金融科技沙箱源自英国，2015 年英国金融监管当局率先研究运用"监管沙箱"的新方式，探讨创建"在风险可控的前提下测试金融创新"的监管工具，并取得了重要进展⊖。金融科技沙箱作为新型金融监管的重要依托手段，有助于支持金融科技创新并防范潜在金融风险。针对金融科技的创新风险能够"看得见""说得清""管得住"。

在数字化时代，监管科技（RegTech，Regulatory Technology）通过使用数字新技术提出更好的解决方案，来帮助金融监管机构更有效地解决监管问题，以及帮助金融机构更高效地满足合规要求。在我国的市场环境下，防范创新风险更重要的是防范以创新之名进行非法集资和诈骗等犯罪行为，如互联网金融的"714 高炮"、区块链虚拟货币传销等行为。

6.1.3 国家金融科技发展规划

2019 年 8 月，作为国家金融科技发展的主要专业决策部门，中国人民银行印发了《金融科技（FinTech）发展规划（2019—2021 年）》（以下简称《规

⊖ Financial Conduct Authority. Regulatory Sandbox［M/OL］. https：//www.fca.org.uk/firms/innova-tion/ regulatory-sandbox，2015.

划》），这是全球首个国家层面的金融科技规划。《规划》从战略、机构、产业、风险、监管、消费者权益等多个角度全面阐述了金融科技的构想，有望进一步增强金融业科技应用能力，实现金融与科技深度融合、协调发展。

在新一轮科技革命和产业变革的背景下，金融科技蓬勃发展，区块链、人工智能、大数据、云计算、物联网等信息技术与金融业务深度融合，为金融发展提供源源不断的创新活力。坚持创新驱动发展，加快金融科技战略部署与安全应用，已成为深化金融供给侧结构性改革、增强金融服务实体经济能力、打好防范化解金融风险攻坚战的内在需要和重要选择。

金融科技成为推动金融转型升级的新引擎。金融科技的核心是利用现代科技成果优化或创新金融产品、经营模式和业务流程。借助机器学习、数据挖掘、智能合约等技术，金融科技能简化供需双方的交易环节，降低资金融通的边际成本，开辟触达客户的全新途径，推动金融机构在盈利模式、业务形态、资产负债、信贷关系、渠道拓展等方面持续优化，不断增强核心竞争力，为金融业转型升级持续赋能。

金融科技成为金融服务实体经济的新途径。发展金融科技能够快速捕捉数字经济时代的市场需求变化，有效增加和完善金融产品供给，助力供给侧结构性改革。运用先进科技手段对企业经营运行数据进行建模分析，实时监测资金流、信息流和物流，为资源合理配置提供科学依据，引导资金从高污染、高能耗的产能过剩产业流向高科技、高附加值的新兴产业，推动实体经济健康可持续发展。

金融科技成为促进普惠金融发展的新机遇。通过金融科技不断缩小数字鸿沟，解决普惠金融发展面临的成本较高、收益不足、效率和安全难以兼顾等问题，助力金融机构降低服务门槛和成本，将金融服务融入民生应用场景。运用金融科技手段实现滴灌式精准扶持，缓解小微企业融资难、融资贵，以及金融支农力度需要加大等问题，为打赢精准脱贫攻坚战、实施乡村振兴战略和区域协调发展战略提供金融支持。

金融科技成为防范化解金融风险的新利器。 运用大数据、人工智能等技术建立金融风控模型，有效甄别高风险交易，智能感知异常交易，实现风险早识别、早预警、早处置，提升金融风险防范能力。运用数字化监管协议、智能风控平台等监管科技手段，推动金融监管模式由事后监管向事前、事中监管转变，有效解决信息不对称问题，消除信息壁垒，缓解监管时滞，提升金融监管效率。

金融科技改变了传统金融市场运行方式。 在交易层面，新技术推动了一般金融业务的资产负债表外化，也催生了新型金融业态，其法律关系不同于资产负债业务，风险很容易从金融机构扩散到公众；在市场层面，数据集中催生事实上的金融业跨行业、跨市场经营，在提高交易效率的同时，也增加了系统性风险；在跨境金融体系层面，金融科技也对监管的有效性构成挑战。比如，在全口径的跨境收支业务层面，现行的外汇指令银行系统是办理跨境收支业务的中间枢纽，是外汇管理数据采集的关键环节，对目前的监管体系起到了至关重要的基础性作用。区块链和虚拟数字货币的出现使得绕过外汇管理的交易成为可能，对当前的外汇管理体制造成潜在威胁。⊖

在商业模式方面，金融科技企业赋能 B 端（企业服务）、服务 C 端（个人服务）将成为未来的主流商业模式。随着人口红利逐渐丧失、产品需求不断升级和竞争逐渐白热化，C 端获客成本攀升，企业盈利能力和市场拓展空间持续下降，而以 B 端为目标客户的企业因为客源稳定等原因逐渐脱颖而出。金融科技赋能 B 端带来的收益和未来成长性高于 C 端。金融科技企业赋能 B 端将成为未来的主流商业模式。

⊖ 中国人民银行金融稳定分析小组. 中国金融稳定报告 2018 [M]. 北京：中国金融出版社，2018.

在监管方面，金融科技"强监管"迈入常态化，监管科技等新型监管模式将成主流。随着金融科技的不断发展，金融科技的监管将更加严格。在新的技术环境下，金融机构面临的七大金融风险——信用风险、操作风险、市场风险、流动性风险、合规风险、声誉风险和系统性风险，会以更具隐蔽性、波动性和挑战性的形式展现。因此，加强金融监管，促进金融脱虚向实是未来金融科技发展的主要方向。监管科技等作为新型监管方式有了更大的发挥空间和发挥余地。监管科技本身属于高科技产业，具有实时追踪、前后端呼应、技术调控等优点，不仅顺应科技和金融的发展趋势，而且落地性强，效果突出。

6.2 科技赋能的新金融供给体系⊖

6.2.1 新金融的本质与表现形式

新金融是在数字化改革与经济服务化转型的大背景下，对金融服务的本质与表现形式的再思考与重新定义。

数字化改革拓展了金融服务实体经济的能力，降低了金融服务的成本与风险。经济服务化转型，把金融服务推向引领社会发展的前沿，通过科技赋能金融、金融赋能社会，提升全社会服务的科技化、现代化水平。

金融供给侧结构性改革为新金融指明方向。金融服务是联结国民经济各方面的纽带。从国内看，金融连接着各部门、各行业、各单位的生产经营，联系每个社会成员和千家万户，成为国家管理、监督和调控国民经济运行的重要杠杆和手段；从国际看，金融成为国际政治经济文化交往，实现国际贸易、引进

⊖ 更多关于各子行业金融科技具体应用的内容参见本书作者王焕然的另一本著作《智能时代的新金融》，机械工业出版社出版，2020年9月。

外资、加强国际经济技术合作的纽带。

新金融以客户为中心，以服务实体经济为目的，充分利用数字科技发展普惠金融，重构信用体系，降低准入门槛，改善民生领域的金融服务。新金融服务将嵌入任何一个社会场景中，变得更加无形无感和无处不在。

从表现形式上来看，新金融综合了金融信息化、金融工程、科技产业金融、互联网金融、金融科技等各方面的经验与教训，基于区块链、大数据、人工智能、云计算等技术手段重构金融服务的手段、方法与流程。科技从底层基础设施跃升为顶层创新先导，驱动金融服务的流程再造、组织变革和战略转型。正如建设银行董事长田国立先生在《新金融已成为当代金融的最重要特征》一文中提出的：新金融是以数据为关键生产要素、以科技为核心生产工具、以平台生态为主要生产方式的现代金融供给服务体系。

金融天生需要面对两个问题：一是构建信任机制，二是实现多方协作。区块链的技术特性正好可以解决这两个关键问题。未来，**新金融的主要生产方式将会是建设基于区块链技术的平台生态**。大数据、人工智能、云计算技术将与区块链技术相互补充，共同促进数据共享、优化业务流程、降低运用成本、提升协同效率、建设可信体系。

6.2.2 "信易贷"支持中小微企业融资

导致我国小微企业融资难的原因有很多，其中一个主要原因是现有企业征信系统对小微企业的覆盖率低。全国小微企业有近 7000 万家，而现有企业征信系统中的小微企业记录不到 700 万家，覆盖率不到 10%。传统征信的数据来源主要是银行等体系内金融机构，以人工获取信息为主，效率低、成本高、数据处理能力也有限，而且以大中型企业为主体，难以覆盖众多的小微企业，种种原因导致小微企业或无法获得贷款，或需要承担更高的融资成本。

2019 年 9 月 20 日，国家发改委、银保监会联合印发了《关于深入开展"信易贷"支持中小微企业融资的通知》（以下简称《通知》），提出了包括建立健全信用信息归集共享查询机制、建立健全中小微企业信用评价体系、支持金融机构创新"信易贷"产品和服务、创新"信易贷"违约风险处置机制、鼓励地方政府出台"信易贷"支持政策、加强"信易贷"管理考核激励六项重点任务。

《通知》从信息归集共享、信用评价体系、"信易贷"产品创新、风险处置机制、地方支持政策、管理考核激励等方面提出具体措施，破解银企信息不对称的难题，督促和引导金融机构加大对中小微企业信用贷款的支持力度，缓解中小微企业融资难、融资贵问题，提高金融服务实体经济的质效。《通知》强调要建立"信易贷"工作专项评价机制，并从金融机构和地方政府两个维度开展评价。金融机构评价结果纳入小微企业金融服务监管考核评价指标体系，地方政府评价结果纳入城市信用状况监测。

中小微企业融资的痛点是政府、金融机构和企业之间的信息不对称。信用是金融服务的基石，金融机构对中小微企业贷款意愿低，关键还是因为"不信任"。银行对企业还款能力的考察主要基于企业的财务信息，而许多小微企业能够披露的经营信息有限，银行主动去获得信息的成本也较高。小微企业获得贷款后的资金流向监测也是难题，银行难以实时监控资金去向，增加了还款风险。这种信息壁垒使得银行难以衡量小微企业的还贷能力，也就提高了小微企业借贷的门槛，即使是有良好的偿债能力和信用水平的小微企业，也难以获得贷款。对政府来说，哪些企业需要贷款支持、政策扶持的效果如何，也难以监测，致使很多定向政策不能落实到位。

依靠金融科技的力量赋能征信服务，抓住数据化金融的技术革新机会，通过所掌握的结算现金流数据以及行为诚信的情况，可以克服对抵押物的依赖，从而给小微企业贷款，同时解决小微企业财务不规范、经营不透明、信息不对称的问题。强大的数据信用体系建设使成本大大降低，也使得两三分钟放贷款成为可能。

区块链技术为"信易贷"提供了支撑技术手段。基于企业法人的区块链数字身份，整合税务、市场监管、海关、司法以及水、电、气费，社保、住房公积金缴纳等领域的企业信用信息，"自上而下"打通部门间的"信息孤岛"，降低银行信息收集成本。构建符合中小微企业特点的公共信用综合评价体系，将评价结果定期推送给金融机构，提高金融机构的风险管理能力，减少对抵质押担保的过度依赖，逐步提高中小微企业贷款中信用贷款的占比。

将"信易贷"违约风险处置机制与社会信用联合奖惩结合起来，对失信债务人开展联合惩戒，严厉打击恶意逃废债务行为，维护金融机构合法权益。充分发挥信用手段在缓解中小微企业融资难、融资贵问题中的重要作用（见图6-1）。

征信服务的深度发展还需要多种技术相结合。如人工智能技术通过深度学习、智能分析及决策，可实现自动报告生成、金融智能搜索等基于大数据的应用；云计算可以聚合多样化业务场景，促进数据融合、共享、开放，实现一站式服务，提升用户体验。

打通信息渠道后，金融机构和小微企业会产生直接的效益。金融机构可以拓展客户群体，同时降低成本和风险；众多信用良好的小微企业可以获得贷款，解决了融资难题，征信系统也有利于反向推动企业内部建设信用体系。政府部门也将从中受益，可以改善地方的营商环境、推动地方征信体系建设，小微企业的贷款扶持政策的传导也会更有效。除此之外，金融科技的加入可以扩宽征信的服务场景，如贷前尽调报告、贷后预警监测、智能查询、定制化评分系统等，更好地发挥征信作为金融业基础设施的作用，实现优化融资服务的目标。

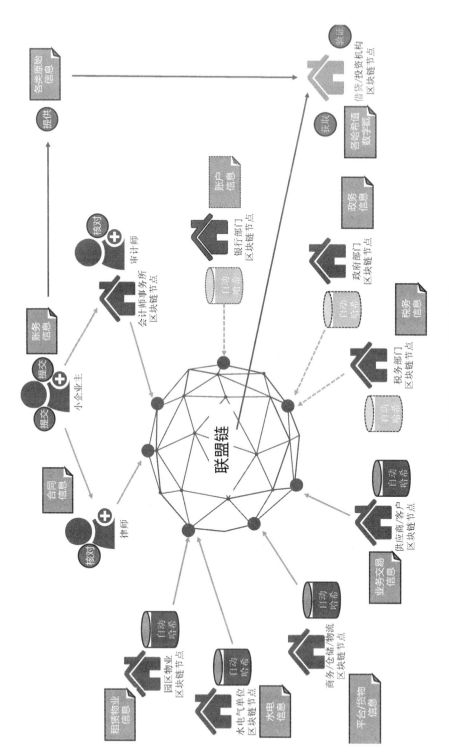

图6-1　"信易贷"区块链平台模型

对中小微企业信用状况的评估不仅涉及企业本身的财务、银行信息，还涉及企业主个人的信用状况，有时个人信誉更重要。比如营业额在 1 000 万元以下的中小微企业融资，企业主个人的信用画像能够占到 60% ～70%，而企业自身的信用状况占 30% ～40%。新加坡中央银行已经批准个人信用信息可以汇总到中小企业数据库中。我国《征信业管理条例》第十三条也明确"企业的董事、监事、高级管理人员与其履行职务相关的信息，不作为个人信息"。

对中小微企业征信而言，工商、司法、税务信息等，只是一部分补充，税务信息也不一定能够覆盖它的真实经营状况。因此需要对中小微企业自身大数据以及中小微企业主个人的信用画像进行共同挖掘，并在此基础上综合出新的评价体系。⊖

6.2.3 可信的多方协同金融生态平台

如前文所述，金融天生需要面对两个问题：一是构建信任机制，二是实现多方协同。新金融是以大数据为关键生产要素、以数据智能科技为核心生产工具、以基于区块链的平台生态为主要生产方式的现代金融供给服务体系。5.2 节描述的供应链金融应用和 6.2.2 小节描述的"信易贷"应用，从性质上看是属于数字化技术在商业银行场景的应用。本小节将描述数字化技术在投资银行场景的应用。

投资银行（Investment Banks，简称投行）是与商业银行相对应的一类金融机构，是主要从事证券发行、承销、交易、企业重组、兼并与收购、投资分析、风险投资、项目融资等业务的非银行金融机构，是资本市场上的主要金融中介。

⊖ 徐寒飞等. "信用"分析的关键是"非信用"分析——信用研究分析框架系列之二 [EB/OL].（2019-8-9） [2021.9.16]. http：//finance. sina. com. cn /stock/stockzmt/2019-08-09/doc-ihytcerm9514954. shtml. 此文给出了关于非信用信息在信用评价中的定性描述和新评价体系。

2015 年前后，伴随着互联网金融的兴起，国内涌现出一些互联网投资银行创业项目，将互联网和传统线下投资银行的卖方、买方业务相结合，主要通过 Web 2.0、搜索引擎、云计算、大数据、社交网络、第三方支付、移动互联网等高效的互联网工具，开展创业投融资、项目推广、商务合作等多样业务。但是互联网投资银行业务的创业项目没有获得实质性的突破，其原因在于所谓的互联网投行主要利用互联网技术解决信息高效搜索和匹配问题，但并没有解决金融行业的核心问题：构建信任机制和实现多方协同。

参考埃森哲定义的数字化投行五大原则[⊖]：智能化与自动化、数据驱动与客户洞察、开放与互通、敏捷与灵动、简化与共享，**可信的多方协同金融生态平台**（以下简称"生态平台"）基于区块链、隐私计算、数据智能、云计算等技术着力解决投资银行业务过程中的信息不对称、信用不对称、过程和风险管控难等问题，打造数字化时代的现代化投资银行协作体系。

1. 交易场景的全链信用评估体系

"人而无信，不知其可也。"2500 年前，孔子即把个人信用看作为人立世的重要品质。在投资银行业务中，信用不仅是一个人有专业能力和责任心的体现，更是立足行业、创造财富的无形资本。

交易场景的全链信用评估体系基于区块链技术引入了基于信用证明的准入机制。任何人想要加入平台，必须具有"信用证明"。信用证明的表现形式可以根据具体业务有不同要求：可以是行业专家的引荐（要求引荐人提供信用背书，以及承担出现"失信"后的连带信用惩罚）；也可以是历史上参与、主导过的相关项目，并具有可信的证明资料；甚至可以是纯粹的资金证明。

⊖ 来源：《埃森哲：2022 年资本市场技术展望》。

一旦加入生态平台，参与人需要授权生态平台基于技术对其进行个人的数字身份管理并建立个人的信用全息画像。个人的信用全息画像，将作为个人在平台参与或者开展投资银行业务的"名片"。基于这张"名片"，生态平台将通过智能合约对个人进行基于信用的分级分类管理。针对个人在生态平台进行交易的实际情况，生态平台定义了一套信用的累积、减少、修复、投诉和争议解决机制。如此，生态平台中投资银行业务的开展将最大限度地消除**信用不对称**，如图 6-2 所示。

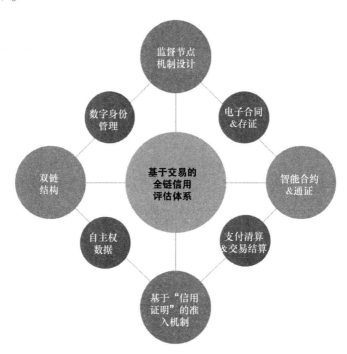

图 6-2　基于交易的全链信用评估体系

2. 基于隐私计算的线索匹配与大数据精准尽调

投资银行业务中有很多信息是涉密信息，未确定最终方案之前不能公开对市场披露。这是投资银行的交易大多在少数人的私密交流过程中完成的原因，也是所谓的"互联网投行"不能取得实质性突破的根本性原因。

基于区块链的隐私计算技术实现了信息发布的"可计算但不可见"。这消除了信息发布方对隐私泄露的担忧，使其可以将更真实、更能反映明确需求的信息发布在生态平台上。一方面，生态平台基于知识图谱对客户需求进行隐私计算，为客户匹配潜在的合作方；另一方面，针对客户已发布的信息，向客户推送历史上的同行业类似案例，进一步引导客户发掘深度需求，帮助客户制定更加详细的项目执行方案。

尽职调查（Due Diligence），又称审慎性调查，简称尽调，一般是指投资银行业务达成初步合作意向后，经协商一致，对相关企业的历史数据文档、管理人员的背景、市场风险、管理风险、技术风险和资金风险进行全面深入的审核。尽职调查是投资银行业务的基础，大数据技术可以从工商、行政、司法、舆情等多方面对企业进行全息画像，与企业的财务数据交叉印证，提升尽调的针对性和有效性。

基于大数据的尽职调查可以在深度和广度上对传统的尽职调查进行扩展。在深度上，基于大数据的尽职调查可以对标的企业（或者资产）进行持续性的跟踪，包括空间上的比较以及时间上的历史追溯；在广度上，基于大数据的尽职调查可以建立资本市场的关联图谱，包括企业与企业、企业与人、人与人之间的关联关系的深度挖掘。

基于隐私计算的线索匹配与基于大数据的精准尽调可以最大限度地消除投资银行业务上广泛存在的**信息不对称**，让从业人员更多专注问题的解决和业务方案的设计，提升投资银行业务的效率和效果。

3. 科技赋能的流程控制与风险管理

在最大限度地解决了前两部分所述的信用不对称和信息不对称问题之后，投资银行业务的流程控制和风险管理的复杂度大大降低，其主要功能包括以下三个部分（见图6-3）：

第一，提供标准合同模板、电子合同签署、必要的司法存证功能，便于阶段性的结果确认与利益分成机制确认。

第二，提供专业知识与历史案例库、资本市场关联关系图谱等知识库工具，便于项目主办人员进行方案设计与前期风险规避；提供与资本市场宏观风险与上市公司微观风险的动态实时分析工具，便于项目主办人员跟踪项目全生命周期的动态风险。

第三，提供法律、财务、监管、公共关系等专业合作团队，针对项目的特异性风险提供针对性咨询与服务。生态平台则为其多方业务合作提供电子化的协同工作服务。

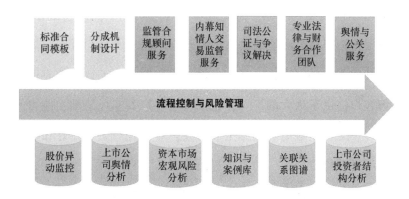

图6-3　科技赋能的流程控制与风险管理

6.2.4　数字化工具重塑财富管理旅程

财富管理以客户为中心向客户提供现金、信用、保险、投资组合等全面财务规划的金融服务。财富管理体系的建设必须采用端到端的视角，从客户需求出发，将专业能力转化为客户可感知的针对性建议。财富管理客户旅程体现为基于客户的生命周期和风险偏好，为客户提供持续的、合适的财富管理建议，实现财富在资产类别和投资期限上的合理配置。财富管理客户旅程重塑的核心，是将资产配置流程落到实处。资产配置流程有不同的步骤划分方法，但总体上都需要从了解客户的需求出发，同时基于资本市场的状况，持续对客户组合进行配置、检视和调整。这个流程需要精细化的设计和管理，包括在各个环节上整合相关的能力、产品服务和工具，落实客户经理和财富顾问队伍服务标准，不断提升各环节的专业度和客户体验。⊖

财富管理客户旅程建设，需要一系列能力、流程、机制和工具的紧密配合。具体而言，体现在以下四个方面：

第一，强大的客户需求洞察和分层分类经营的能力。建立清晰的客户分层分类管理体系，形成精准的客户需求洞察能力是财富管理从产品驱动转向以客户为中心的基本前提。一方面，需要进一步理顺组织职能，包括客户、投研、产品、渠道、营销等相关职能的关系，提升客户需求研究和管理职能在组织中的地位和与其他职能的一致性；另一方面，大数据与人工智能的应用为财富管理机构了解客户提供了强大的工具，包括对于客户真实风险承受能力的更准确评估，对于客户综合金融需求的更全面洞察，对于客户渠道偏好和交互方式的更动态的了解等。打造全面、动态、智能的客户 KYC（客户身份识别）能力，不仅是监管合规及反洗钱的要求，更是财富管理机构深度经营客户的出发点和核心竞争力。

第二，专业的投资研究能力，以及通过投资顾问向销售端的有效传导。强大的投资研究能力将成为做好资产配置服务的"大脑"。海外领先的私行机构，均高度重视自有投资研究能力的建设。研究的领域既包括各大类资产类别和投

⊖ 波士顿咨询公司和陆金所. 全球数字财富管理报告2019-2020：智启财富新未来［R/OL］. (2020-3-24)［2021-9-16］. https：//media-publications. bcg. com/Global-Digital-Wealth-Management-Report-2019-2020-CHN. pdf.

资策略（固收、权益、另类等，且按区域进一步细分），又囊括投资研究的整个价值链条（宏观研究、资产配置建议、标准投资组合的构建等），从而能够结合客户需求和对资本市场的深刻洞察，定期形成对于大类资产配置的客观中立的机构观点。投资研究能力建设不能仅仅停留在研究本身，更重要的是需要将投资研究观点和成果有效传递到客户的销售服务端，与客户投资组合形成实际的动态关联。投资研究成果的传导有两条路径，一是面向产品端的传导，二是面向客户端的传导。无论使用哪条传导路径，投资研究观点和资产配置策略的落地均涉及跨部门、跨渠道、跨经营层级的配合，需要理顺相关机制和流程，加强数字化工具的武装。

第三，开放的产品平台、面向全市场筛选优质产品的能力，以及产品全生命周期的管理。面对资管新规后资管产品形态和组织形态的变化，资管机构需要加强对于净值型产品的销售和管理能力。从财富管理业务本源和客户需求出发，提升面向全市场筛选优质产品的能力。净值型产品的筛选和管理比预期收益产品更加复杂，产品全生命周期的管理能力愈发重要。客户需要更及时地掌握产品净值波动动态，以及相应的调整策略建议。对于产品投资策略和净值表现，机构需要给出恰当专业的解释和建议，提高销售流程的透明度，加强对于销售队伍的管理，真正赢得客户的信任。

第四，强大的数字化工具武装，推动财富管理旅程端到端落地。数字化技术和应用正在深刻改造财富管理的整个价值链。过去财富管理的数字化主要体现在产品交易和客户服务环节，而目前已经在向资产配置和组合管理的纵深领域不断发展。数字化技术一方面能够帮助财富管理机构进行更精准地客户画像，了解客户更真实的风险偏好和需求；另一方面能够通过更先进的数据分析方法，对投资市场和产品进行更动态和更高效的评估，从而在大类资产配置和产品筛选层面上实现与客户需求更好的匹配。数字化工具还能够有效提升一线客户经理与财富顾问队伍的专业能力和服务客户的质量。加强数字化服务平台的建设，提供客户分析、投资研究、资产配置和销售管理的全套工具，让财富顾问能够在合适的时间，以客户偏好的方式向特定的客户传递适合的资讯、产品和服务（见图6-4）。

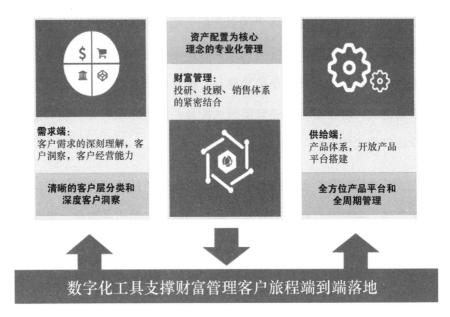

图6-4　数字化工具支撑财富管理客户旅程的重塑

从展业的流程上来看，财富管理服务包括四个过程（见图6-5）：

➢客户触达，了解客户在财富管理全生命周期所处的阶段，以及当前的风险偏好水平；

➢客户运营，从财富管理的角度引导客户对人生进行思考和规划，对客户进行情绪管理，提供陪伴式的投资者教育；

➢投资建议，根据客户情况为客户提供大类资产配置建议、产品建议，以及投资时机；

➢组合分析与调整，对组合实时监控与归因分析，发生市场变化时对组合进行动态调整。

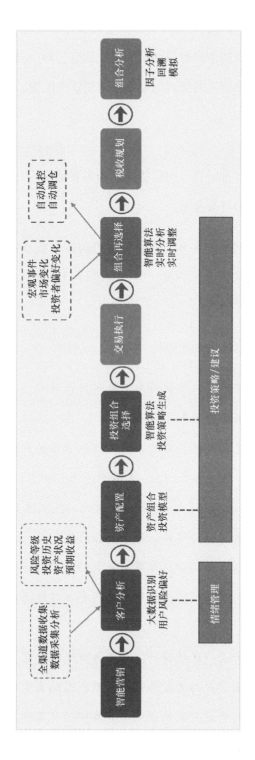

图 6-5　财富管理服务客户的完整流程

为实现上述过程，端到端的财富管理数字化支撑系统应依托**基于金融知识图谱的数据智能**技术，打造四个有机结合的组成部分，即（开放）的产品平台；智能营销与客户运营；组合实时管理与反馈；智能资产配置。

1. 开放的产品平台

在资管产品净值化管理时代，财富管理机构需要面向全市场筛选优质产品，并建立产品全生命周期的管理能力。

对于产品投资策略和净值表现，财富管理机构需要能够做出恰当专业的解释和沟通，通过先进的数据分析方法，对产品进行归因分析，对产品的管理人进行能力分析及一致性评价。

产品全生命周期管理能力主要包括：

➤ **市场基准计算**：实际无风险收益率、全市场收益率、市场上不同类型指数的风险收益，作为产品评价的基准数据；

➤ **产品风险分析**：量化目标产品的系统风险和非系统风险，基于资本资产定价模型（CAPM）中的 Beta 参数（β）来衡量。但 CAPM 仅是一个理论模型，现实中的 Beta 参数具有时变特性，需要随时计算产品的滚动 Beta 参数；

➤ **产品归因分析与投资能力评价**：基于产品的历史运行数据对产品的业绩来源进行归因分析，并基于归因分析结果对产品的投资能力进行评价。如果产品是主动管理的，还要与基金经理的投资业绩历史及其现存的其他管理产品统一进行分析；

➤ **产品滚动业绩分析及一致性评价**：产品运行过程中也需要定期对产品进行滚动业绩分析，同时基于产品的策略说明对照产品的真实运作情况进行一致性评价。现实中很多产品的发行认购说明与其真实运作策略并不一致，一致性评价可以避免基于产品说明进行资产配置产生的偏差。

需要说明的是，在财富管理领域的开放产品平台是为投资顾问和终端客户提供服务的，对产品的评价指标需要简单易懂，不要过于专业和复杂。图 6-6 展示了对产品进行全生命周期管理的评价指标样例。开放的产品平台有助于投资顾问和客户更及时地掌握产品净值波动动态，并相应地调整配置策略，提高服务流程的透明度，赢得客户的信任。

2. 智能营销与客户运营

获取资讯是进行财富管理的第一步，通过对各种资讯进行分析，客户可以明了当前财富管理市场的发展情况，以深化相关认知，同时更好地选择投资顾问。智能资讯推荐是充分运用机器学习、数据挖掘、搜索引擎、自然语言处理等相关领域技术，在行为金融学理论和深度挖掘客户画像的基础上，对推荐的资讯内容精选、去重、标签化后，采用复合算法进行资讯的精确匹配。通过智能资讯推荐，以及收集客户的阅读数据，可以针对客户的投资偏好和投资品类，进一步提供个性化、有针对性的信息和服务。

建立清晰的客户分层分类管理体系，形成精准的客户需求洞察能力是财富管理从产品驱动转向以客户为中心的基本前提。⊖客户细分意味着要突出重点，通过客户细分找到价值最大的核心群体，并明确客户需要哪些产品和服务。动态多维的客户细分，需要在传统的资产规模和客户生命周期情况的基础上，以对每个客户的分析和了解为支撑，结合财富来源、地理区域、所处环境、税收情况等多重标准，实现对客户个性化的、动态调整的细化分层（见图 6-7）。

智能营销是互联网时代的创新型营销方式，精准营销是智能营销的最终表现形式。数据智能为精准营销提供了强大的工具，包括对于客户真实风险承受能

⊖　孟凤翔，亿欧智库 . 财富管理发展的制胜之道——2019 全球财富管理研究报告 ［R/OL］.（2019-11-19）［2021-9-16］. https：// www. iyiou. com/research/20191119661.

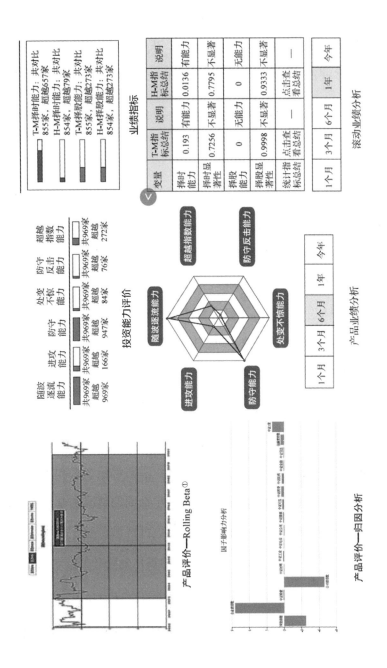

图 6-6　产品全生命周期管理的指标样例

① Rolling Beta（滚动 β），关于金融科技的系统化阐述请参考《智能时代的新金融》一书。

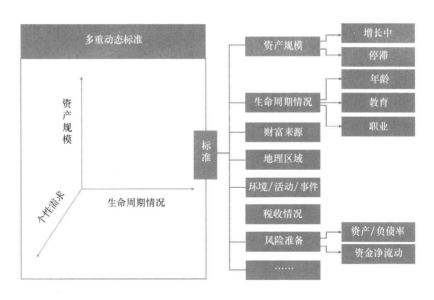

图 6-7　动态多维的客户细分标准

力的更准确评估，对于客户综合金融需求的更全面洞察，对于客户渠道偏好和交互方式的更动态了解等。精准营销包括精准渠道和精准内容。有针对性地选择渠道进行客户获取和产品推荐，精准触达客户，降低成本浪费，并通过精准推送资讯、品牌、产品等内容提高客户转化率（见图 6-8）。

智能语音客服是智能营销与客户运营的有力工具。使用深度学习技术和各种机器学习算法来监测并分析语音交互，分析客户所说的词语和他们所用的语气，然后不间断地开发并且加强这些语音交互的分析能力，可以让财富管理机构对客户风险评估的准确率得到显著的提升。

3. 专业化的投资研究能力、组合实时管理与反馈

财富管理领域的投资研究既包括各大类资产趋势和投资策略（固收类、权益类、另类投资等，且按领域进一步细分），又囊括投资研究的整个价值链条（宏观研究、资产配置建议、标准投资组合的构建等），从而能够结合客户需求和

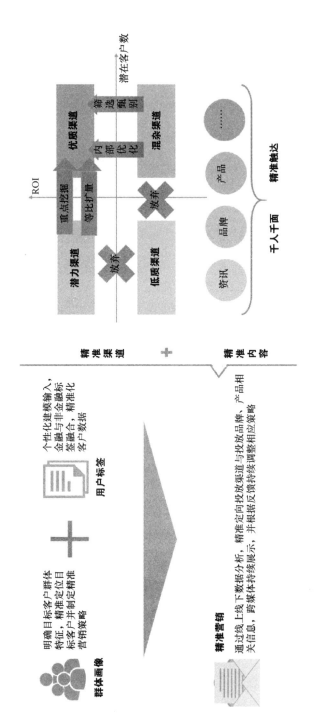

图6-8　基于数据智能的精准营销

对资本市场的深刻洞察，定期形成对于大类资产配置的客观、中立的机构观点。

投资研究能力建设不能仅仅停留在研究本身，更重要的是需要将投研观点和成果有效传递到客户的销售服务端，与客户投资组合形成实际的动态关联。

➤ 从产品端看，投资研究需要与产品筛选就大类资产趋势和投资策略走势达成一致，产品引入和资产配置的重点应反映投资研究的机构观点。为了推动资产配置更有效落地，还要构建与机构大类资产观点相一致的标准投资组合（Model portfolio），推动组合产品的直接销售。

➤ 从客户端看，应以财富顾问、客户经理和数字化渠道为载体，令投资研究成果多渠道、多方式、持续地触达客户。投资研究成果包括年度策略、季度策略、热点点评、投资主题和投资工具解读等。

4. 个性化的智能投顾服务、智能资产配置

针对每个客户的投资组合实施"千人千面"的定制组合持仓分析，包括组合归因分析、重点持仓实时舆情分析与风险预警、事件驱动对组合可能的影响分析，以及组合调整建议等。

以资产组合理论为基础的智能投顾的核心是投资者的最优化资产配置。投资组合的选择是在客户画像和大类资产配置的基础上，基于智能算法生成的投资策略。基于客户画像得出客户的投资需求和风险偏好参数，基于大类资产配置形成不同风险偏好的资产组合，投资组合选择便是完成客户与投资组合的匹配，并实现大类资产配置基础上的最优化资产配置（见图6-9）。

TAMP 是 Turnkey Asset Management Platform 的首字母缩写，即为投资理财顾问提供财富管理展业的"拎包入住式"工作平台。TAMP 有效连接了全产业链的各个环节，通过更先进的数据分析方法，对投资市场和产品进行更动态和更高

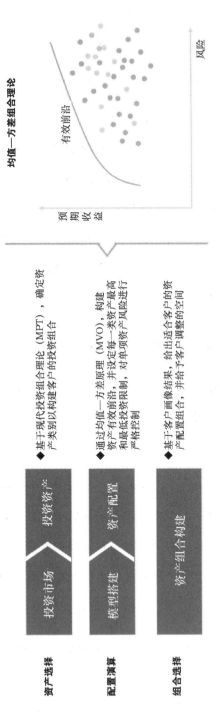

图 6-9　基于资产组合理论的智能资产配置

效的评估，可以有效提升投资顾问队伍的专业能力和服务客户的质量。为投资顾问提供客户分析、投资研究、资产配置和销售管理的全套工具，让投资顾问能够在合适的时间、以客户偏好的方式向特定的客户传递适合的资讯、产品和服务，并深度融合各类场景下的应用拓展，最终形成开放的财富管理生态系统。

基于区块链技术搭建 TAMP，第一，可以加强对客户数据的安全性管理，保护客户资产管理、交易过程中的私密性；第二，将从打破渠道壁垒、提升信息透明度的角度完成资产管理产品分销的"渠道扁平化"改造，实现整个财富管理流程的高度自动化与智能化，极大地提升服务效率；第三，将投资顾问行为全程电子化存证，有效监控投资顾问执业过程的合规性。

TAMP 平台将协助投资顾问处理服务过程中除了"与客户沟通交流"之外的所有环节，帮助投资顾问完成产品研究、品牌运营、税务处理、后台处理、业绩报告等占用 80% 精力的低附加值业务，为投资顾问提供从咨询到产品的"一揽子"服务，使得投资顾问有充足的精力发挥自身优势，专注于客户关系管理（见图 6-10）。

移动互联网时代，对传统的客户沟通方式带来颠覆性的冲击。移动时代的客户服务具有新的特征：基于社交软件、随时随地、碎片化时间、实时信息交互；沟通方式包括图片、文字、声音、视频等多种媒体形式；圈子、熟人等所谓私域流量在传播中越来越重要。这给客户、一线客户经理（或者投资顾问）、销售管理层都带来了很多新的问题。

➢ 对客户而言，在线实时沟通对客户经理回复咨询信息的及时性要求更高，但是客户经理却不能保证 100% 在线实时提供服务，在线沟通无法及时获取符合需求的产品，没有个性化服务。

➢ 对客户经理而言，一方面，不同客户的咨询信息重复性过多，时间上也无

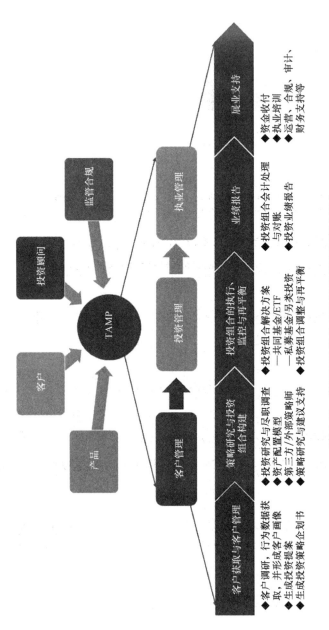

图 6-10 基于区块链的 TAMP 投资顾问展业平台

法保证及时回复；另一方面，存在如何在线对客户进行资产识别，以及如何实现在线沟通中对客户进行精准营销的痛点。

➤ 对销售管理层而言，无法对客户经理的工作过程进行监督管理、无法对客户经理的工作进行量化管理、无法对客户经理的营销行为进行合规监管。

为应对移动互联时代的沟通方式冲击，需要实现基于移动互联时代的展业管理平台，实现客户服务智能化、营销管理精准化，工作管理及合规监控自动化（见图6-11）。

移动互联网时代的展业管理平台，在移动互联网新营销时代，以第三方社交软件作为主要的展业载体，在微信群、QQ 群、公众号等即时通信应用中，帮助客户经理实现与客户的无缝对接，实时智能信息回复服务，迅速扩大客户服务的深度及广度，同时对客户服务情况和触达深度实现可视化管理展示及跟踪反馈。

6.3 监管科技的兴起与应用

监管科技的兴起是金融科技快速发展与金融行业结构调整的必然结果。

第一，金融监管任务繁重。2008 年金融危机之后，以大数据、云计算、人工智能、区块链等为代表的金融科技逐渐成为各大机构的发展重点。但对新技术本身的架构、优势、局限性，及其与金融业务的结合点，监管部门并不完全了解。将新技术应用于金融领域，模糊了原本的金融业务边界，使得监管范围变大、监管难度陡然上升。监管机构运用监管科技，一方面能够降低监管中的信息不对称，更好地观察金融机构的合规情况，及时了解金融产品创新以及创新中隐藏的复杂交易、市场操纵行为、内部欺诈等违规风险；另一方面，新技术的运用能够提升监管机构自身的监管效率和监管能力，更好地防范系统性金融风险。

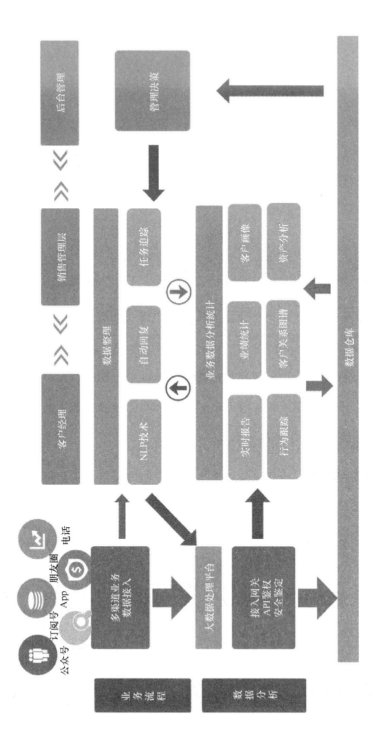

图 6-11　移动互联时代的展业管理平台

第二，金融机构合规成本上升。金融危机之后，监管部门对金融服务的监管日趋严格，对金融机构的违规行为动辄处以重罚。据统计，自 2019 年开始，包括中、农、工、建的四大国有银行陆续被监管机构处罚，受罚原因包括反洗钱工作不到位、违规向客户销售理财产品、违规发放房贷款等。这在很大程度上改变了金融机构的运作方式，使其在合规和风险管理上要花费更多精力。在监管科技的推动下，金融机构开始借助新技术来核查是否符合反洗钱等监管政策，避免高额罚款，提高自身合规率。监管科技可以保证金融机构在动态变化的监管环境中遵守规则，并通过迭代的方式实现持续合规。

第三，传统技术难以满足监管要求。在 20 世纪 90 年代，伴随着计算机技术的发展，监管部门运用计算机技术构建量化风险管理体系进行监管，并取得了良好的效果。但原有的技术系统缺乏一致性和灵活性，难以应对实时性及临时要求。运用新技术优化监管工具能更有效地助力监管。通过大数据的运用能够及时、准确地获取、分析和处理具有前瞻性的风险相关数据，建立风险预测模型和实时识别流动性风险，提升监管的及时性和有效性。基于监管规则在区块链中通过智能合约编程建立共用约束代码，可以实现监管政策全覆盖和硬控制。

6.3.1　国内监管科技的发展现状

由于国内金融市场的组织方式与体制机制等原因，国内监管科技的发展由金融监管机构主导，第三方技术服务商积极响应，金融机构暂处于被动应对的状态。长期以来我国金融业在科技创新应用方面既是积极推动者，又是直接受益者。随着现代科技的进步，我国金融业已先后经历金融电子化和金融信息化的阶段，目前正向移动化、数字化和智能化的更高阶段发展。在这个过程中，金融监管部门也紧跟科技发展的时代步伐，不断提升自身的科技化程度。

国内监管科技发展状况与我国金融监管的特点有关。我国金融监管的现状如下：

第一，金融监管集中体现在以要求数据上报为主。要求数据上报的管理部门非常多，字段定义也不一样。以银监会 EAST 数据采集系统和分析为例，整个 EAST 报表有近 1 600 个字段。

第二，金融监管具有"运动式"监管特征，相对比较欠缺顶层的设计。这是因为创新往往比监管法规发展得快，导致顶层设计跟不上，出现了"拆东墙补西墙"，发现了问题再去严打的"运动式"监管。

第三，金融监管正在从原有的分业监管向新监管方式过渡。2008 年金融危机后，全球金融行业再次出现混业经营的趋势，我国不同行业的金融机构职能出现重合，原有的基于主体的监管方式已经落后。资管新规之前提出的影子银行体系，及其导致的监管失效和货币政策传导不畅就是典型的例子。金融稳定委的成立及资管新规系列政策的发布，标志我国金融监管体系正处在改革与重构中。

第四，金融监管机构疲于风险处理，监管创新不足。2017 年以来，金融监管机构一方面忙于处理 2012～2017 年地方政府和房地产行业加杠杆积累的金融行业系统性风险，另一方面疲于应对互联网金融和第三方支付等金融科技企业"暴雷跑路"引发的社会风险，导致金融行业监管机构创新力量不足。

我国金融业总体科技水平和应用创新能力已居国际先进行列，金融监管部门在应用科技手段方面已积累了一定的实践经验，构筑了必要的技术基础。但在积极发展监管科技方面还面临一些紧迫的挑战：一是数据挑战，金融业综合统计和监管数据融合共享需要进一步加强，数据覆盖、数据标准、数据挖掘分析等方面有待持续强化；二是资源挑战，监管科技涉及架构转型、系统改造、技术研发等诸多方面，需要较大规模和较为长期的资源投入；三是人才挑战，既懂监管业务又懂数字化技术的高水平复合型人才总体供给不足。

在监管科技的推进下，全球金融监管模式正在经历从以事后监管为主的**被动监管模式**到以事前防范、事中监管为主的**主动监管模式**的演变。从以前的以合规为导向的、风险事件触发的监管模型，到以强化内部管理为导向的、渗透式的过程监管模型。未来，随着数字化技术的深入应用，主动监管模式将向着智能监管模式迈进，金融监管合规将贯穿整个新金融生态的全生命周期，与业务同步、全方位实施监管。数据规则从报送数据转变为业务数据实时在线，在此基础上引入大数据和人工智能平台，及时发现洗钱、"老鼠仓"、监管套利等行为。相信在不久的将来，智能监管平台会融合各种先进的科技手段，以其多渠道、多结构化的数据采集方式实现新金融业态的规范与健康发展。

6.3.2　大数据实现实时穿透式监管

国内监管科技在传统金融监管上的典型应用如下：

1. 央行反洗钱监测分析二代系统大数据综合分析平台

2018 年 11 月 30 日，中国人民银行办公厅发布《中国人民银行办公厅关于做好反洗钱监测分析二代系统上线工作的通知》（银办发〔2018〕213 号），自 2018 年 12 月起，逐步上线运行反洗钱监测分析二代系统，并将于 2019 年 6 月 30 日前完成所有报告机构交易监测系统以及报送接口的切换工作。从 2019 年 7 月 1 日起，各报告机构均须通过反洗钱二代系统履行反洗钱数据报送义务。

按《中国人民银行关于印发证券期货保险机构反洗钱执法检查数据提取接口规范的通知》要求，证券、期货、保险机构应当优化业务系统和反洗钱系统，有效整合数据，在保证数据质量和安全的前提下，提高数据提取效率，于 2019 年 11 月 11 日起开始相关业务数据的提取报送工作。

在新的反洗钱数据报送要求下，大额交易报告数据量激增，可疑交易报告需要更为精准的可疑交易监测模型，需要建立包括机构、客户、产品等全方位的洗钱风险评估管理体系，扩大名单监控范围，实现涉恐名单实时监测预警，开展可疑交易分析管理工作。

反洗钱二代系统的建设目标是在过去系统建设经验的基础上，充分利用央行资源，构建功能更完善、性能更高效、安全性更好、架构更合理、使用更便捷、扩展更方便的反洗钱监测分析系统，为中国人民银行在反洗钱新形势下依法履职提供保障，既满足《金融机构大额交易和可疑交易报告管理办法》（修订版）实施后的数据接收和监测分析移送需求，又适应未来一段时期反洗钱中心业务发展和反洗钱局及中国人民银行分支机构履职的需要。

反洗钱二代系统是从头建设的全新系统，建成后原有系统的历史数据全部迁移至二代系统。大数据综合分析平台是反洗钱二代系统的重要组成部分，基于目前的大数据处理技术手段和理念，采用分布式架构，为反洗钱二代系统实现高效的数据处理与查询分析以及数据服务能力的弹性扩展提供基础性平台，解决传统技术架构无法支撑海量数据及非结构化数据应用分析的问题。

央行反洗钱监测分析二代系统大数据综合分析平台结合大数据、云计算、微服务、人工智能等技术，构建了新反洗钱系统，全面满足各类监管及合规要求。新反洗钱系统主要涉及大额交易和可疑交易识别与报告、客户身份识别、客户风险评级、黑白灰名单管理、业务及产品洗钱风险评级、反洗钱现场检查、监管报表等业务（见图6-12）。

反洗钱二代系统大数据综合分析平台建成后，一是形成全国反洗钱数据统一视图，为反洗钱监管机构提供及时高效的数据分析结果；二是实现了接入更全面的反洗钱数据，包括数据接收（报告收集、报告机构管理和报告机构能力

图 6-12　反洗钱二代系统大数据综合分析平台

建设）、匹配信息获取、数据管理（数据治理和数据处理）、监测预警（名单预警、规则模型预警）、操作分析（可疑分析、数据协查、反洗钱信息交互和分析移送管理）、宏观分析、国内合作和国际合作等。

大数据综合分析平台通过解析历史监管机构对洗钱犯罪的监测指引点，加入了指标、事件、场景、模型、类罪、案件这六大概念，确保系统分析结果的准确性，力求在海量明细数据中，精准地筛查出疑似洗钱行为的异常交易明细，确保业务人员精力的聚焦性；通过洗钱类型识别和分析不同上游犯罪的犯罪类型，合理地划分监测模型归属，使其能够精准地匹配到十三类疑似犯罪类型（地下钱庄、非法集资、恐怖融资、腐败、贩毒、走私、诈骗、传销、赌博、非法票据等），可有针对性地预防和打击洗钱犯罪。

2. 监管科技在 MPA 中的应用

2016 年，中国人民银行开始采取"宏观审慎评估体系"（以下简称 MPA）

取代原有的差别准备金动态调整和合意贷款管理机制。2017 年，中国人民银行扩大全口径跨境融资宏观审慎管理范围，由试点地区推广到全国。2017 年第一季度，MPA 正式将表外理财纳入广义信贷范围，以合理引导金融机构加强对表外业务风险的管理。

MPA 从本质上讲是对金融机构风险评估的一整套打分体系，按月进行事中、事后的监测和引导，按季度数据进行事后评估。其重点考虑资本和杠杆情况、资产负债情况、流动性、利率定价行为、资产质量、外债风险、信贷政策执行七大方面，其中资本充足率为 MPA 评估体系的核心。相较于以前的管理机制，MPA 的特点集中在将狭义信贷转为广义信贷，涵盖债券投资、股权、其他投资和买入返售等，有利于引导金融机构减少腾挪资产、规避信贷调控的做法。总体而言，MPA 在去杠杆逆周期调控风险和及时可控地应对系统性风险等方面有着积极、正面的影响。

MPA 评估框架可调整既为 MPA 评估体系带来优势，其监管框架中的维度选取和权重赋予根据金融市场历史经验与科学分析方法共同计算得出，这种评估体系可以根据市场发展情况进行适当调整，如 2017 年中国人民银行将银行表外业务纳入广义信贷这一评分维度当中，可以更为系统和准确地评估银行信贷体系中的风险情况；MPA 评估框架可调整又为 MPA 体系带来了一定的劣势。MPA 主要是发现、监测和计量系统风险和潜在影响。一方面，MPA 评估框架的可调整容易引发市场上的金融机构根据这种调整转变业务重点，将不符合监管要求的部分通过新一轮的金融创新进行规避，表现出"猫鼠博弈"；另一方面，MPA 的滞后性使评分结果和实际情况有一定程度的偏差。

从 2016 年我国已经进行的 MPA 评分来看，MPA 评分体系中存在两个具有一票否决权的核心指标：定价行为和资本充足率。中小型商业银行可通过增加高等级债券等低风险资产的配置数量，对资产进行重新配置以实现降低风险加权资产总额来达到 MPA 考核的要求。在 MPA 计算评分标准中，广义信贷不统计银行间同业资产，只计入同业负债考核，并且在计算同业负债时，以"扣除结算性同业存款后的融入余额"为准。MPA 评分时采用的是横截面的数据，即某个时点上的金融机构的数据表现，同业拆借业务是短期性业务，在同一季度的不同时间段，银行的表现都会存在显著差别，净拆入与净拆出的情况在短时间内可以发生改变，这会影响 MPA 评分的合理性。

监管科技可以提升 MPA 的有效性。大数据可以在数据信息完备性方面为 MPA 提供更为可靠的数据支撑基础。大数据在 MPA 中的运用主要体现在能够改进参数数据的精准性。比如在资本充足率的计算中，包含接受打分的金融机构的结构性参数 α，α 主要参考机构稳健性状况和信贷政策执行情况，而其中经营稳健性状况考核季度内的内控管理、支付系统出现重大问题和发生案件及负面舆情等情况。在对负面舆情、内控管理等非结构化数据的采集分析上，大数据能够提供数据挖掘技术和相对有效的分析方法，从而使整体计算结果的精准性提高。

大数据还可以在强调监管统一性的基础上，对不同类型、不同体量的银行进行差异化管理。MPA 主要关注金融系统性风险，其整体性要求会给不同银行的业务带来不同程度的影响。对于资金外部依赖较强的中小商业银行来讲，MPA 评估对其业务调整带来了更大的压力。通过大数据分析将 MPA 与微观审慎结合起来进行差异化管理。比如，在获得不同挡位评分的金融机构间设定不同的准备金比例。

MPA 除了应用于系统性的评估外，也需要构建宏观审慎监管工具，用以研发干预系统风险的政策工具。在系统性风险发生之前的优质预警机制的形成可为金融系统性安全带来有效的防范效果。深度学习和人工智能可以在数据完备的基础上，经过精妙的设计，自动检测出相应的风险和所需设定计算的权重。

根据市场的波动，深度学习还可以监测到未纳入原本评估体系中的监管漏洞，自动调节相应的评估方法与计算机制，拓展或缩小变量参数的统计范围。深度学习和人工智能还为差异化管理带来了可能。不同金融机构对金融系统的影响具有不同程度的作用，通过深度学习和人工智能中的规则推理，能够更为准确地计算出有系统性风险影响的金融机构类别，为不同的金融机构设置不同的风险系数权重，有利于差异化管理和系统性的科学设定。

3. 监管科技在证券市场中的应用

《中国证监会监管科技总体建设方案》（以下简称《证券监管科技方案》），完成了证券市场监管科技建设工作的顶层设计。《证券监管科技方案》为证券市场监管科技发展明确了3个阶段、5种基础数据分析能力、7类32个监管业务分析场景，提出了大数据分析中心建设原则、数据资源管理工作思路，以及监管科技运行管理"十二大机制"。

《证券监管科技方案》明确了监管科技1.0、2.0、3.0信息化建设工作需求和工作内容。其中监管科技3.0的工作核心是建设一个运转高效的监管大数据平台，综合运用电子预警、统计分析、数据挖掘等数据分析技术，围绕资本市场的主要生产和业务活动，进行实时监控和历史分析调查，辅助监管人员对市场主体进行全景式分析，实时对市场总体情况进行监控监测，及时发现涉嫌内幕交易、市场操纵等违法违规行为，履行监管职责，维护市场交易秩序。

在证券市场监管科技3.0的整体实施方案中，有6种基础分析能力：关联账户分析、财务报表分析、实体画像、交易异常检测、舆情分析、金融文档分析。基于这6种分析能力实现7个领域数据分析：行政许可内的辅助分析、公司信息披露违规及财务风险分析、经营机构违规行为及财务风险分析、证券期货服务机构尽职行为分析、市场运行分析、违法交易行为分析、非法证券期货行为分析。

在监管科技 3.0 的远景规划指引下，证券市场监管科技典型系列应用进展如下：

第一，证券行业的数据治理标准化。2018 年 9 月 27 日，证监会公布了《证券期货业数据分类分级指引》等 4 项金融行业标准。《证券期货业数据分类分级指引》行业标准致力于推进行业机构有效甄别合理化的数据使用需求、有效识别数据风险隐患、持续加强数据安全管理、建立健全数据管理制度、采取必要的数据安全防护措施、维护市场安全运行、保护投资者合法权益。

第二，稽查执法科技化建设。2018 年 5 月，为有效提升稽查执法科技化水平，结合证券期货稽查执法实践，证监会正式印发了《稽查执法科技化建设工作规划》，标志着资本市场监管执法科技化建设进入全面提升质量和水平的新阶段。在证监会的组织引导下，证券市场全面建设覆盖证券期货稽查执法各个环节的"六大工程"——数据集中工程、数据建模工程、取证软件工程、质量控制工程、案件管理工程，以及调查辅助工程。通过"六大工程"建设，着力实现四个方面的目标：一是形成实时精准的线索流，提升主动发现和智能分析案件线索的能力，实现线索发现的智能化；二是形成办案管理的程序流，提升案件管理能力，实现执法工作的流程化、规范化；三是形成调查处罚的标准链，明确案件调查的证据标准和规则，以及处罚的裁量原则尺度，实现执法标准的规范化、一致性；四是形成智能实用的工具链，为案件调查提供先进的软件和硬件支撑，实现办案工具运用科技化。

在打击内幕交易方面，证监会利用大数据分析技术已经显示出巨大威力，依托大数据仓库，建立多种数据分析模型，利用爬虫软件，深度挖掘，寻找案件线索，将一只只"硕鼠"抓出来。例如，基于大数据发现了原博时基金经理在任职期间，利用其担任基金经理的信息优势，操作 3 个股票账户，先于同期或稍晚在其管理的基金账户买入相同的股票 76 只，累计成交金额 10.5 亿元。

第三，监管科技在行业自律管理中的应用。由于更加贴近市场主体和金融业务，自律组织有更好地运用数据和科技的资源禀赋。上海、深圳两个证券交易所基于人工智能和知识图谱技术实现了企业画像、投资者画像，可以自动抽取、集中展示、智能提示不同的监管高频关注信息，有效帮助一线监管人员提升违法违规线索发现能力，提前防范和化解风险。郑州商品交易所通过充分利用大数据挖掘等新技术，不断完善市场监察系统，强化异常交易智能识别、客户交易行为分析、实际控制账户分析等功能，提升监察系统智能化水平，进一步提高监管效率。

6.3.3 金融科技沙箱支持创新发展

随着金融业的不断发展，越来越多的科技被应用到金融业并取得了成功，但这也对监管机构的监管能力提出了挑战。在快速变动的金融科技市场，银行业与非银行金融业、金融业与非金融业、货币资产与金融资产的边界正在变得越来越模糊。这势必会导致监管机构原有的监管范围、监管方式，以及技术和流程产生诸多不适，并出现监管空白地带。

通过监管与科技的深度融合，监管机构可以实现机构的内部创新，提高监管的创新能力和技术水平，从而更科学、严谨、快速地制定金融技术创新和模式创新的监管标准、监管规则和监管框架，厘清监管职责范围，明确监管力度和方向，培育良好的金融创新监管生态体系。

监管沙箱（Regulatory Sandbox）是由英国政府在 2015 年 5 月为应对金融科技发展首次提出的创新监管制度。英国金融行为监管局（FCA）对沙箱的定义是：由监管机构主导构建一个不受当下金融监管体制监管的"真实的、较小的安全市场空间"，在此市场空间之内，企业可享受一定的监管豁免。获准测试的公司不仅能对自身的金融科技创新产品进行试验性经营，还能对其创新的金融创新服务和模式进行试错。如果测试效果得到认可，测试完成后可进行大范围推广。

2020 年 1 月 14 日，中国人民银行营业管理部（北京）发布《金融科技创新监管试点应用公示（2020 年第一批）》公告，对于 6 个拟纳入金融科技创新监管试点的应用向社会公开征求意见。这标志着我国金融科技监管沙箱正式进入试点应用阶段。本次试点应用由北京市率先开展。入选的 6 个项目主要围绕物联网、大数据、人工智能、区块链、API（应用程序编程接口）等前沿技术，侧重于个人消费者、小微企业的信贷产品数字化升级。6 个试点项目的共同特征是：第一，坚持以技术中性为基本原则；第二，以遵守基本业务规则为重要前提；第三，以防范金融风险为主要任务；第四，以服务行业发展为核心理念。

金融科技沙箱作为新型金融监管的重要依托手段，有助于支持金融科技创新并防范潜在金融风险。金融创新是时代的要求。金融科技化、数字化已经成为不可逆转的潮流，科技有助于提升金融效率，实施普惠金融、促进金融创新与市场竞争。在中美贸易谈判第一阶段协议的要求下，金融行业全面开放已成必然，金融科技是增强我国金融行业实力，对抗国际金融竞争的战略手段。在防范金融风险方面，金融科技沙箱有助于加强金融科技化新阶段的消费者与投资者保护、市场诚信建设，协助维持金融稳定。

根据英国金融行为监管局 2015 年 11 月发布的《监管沙箱》报告，监管沙箱分成三种类型：

> 监管沙箱（Regulatory sandbox）：由行业监管部门主导，为金融科技、新金融等新兴业态提供"监管实验区"，支持科技创新发展。监管沙箱将会适当放松参与实验的创新产品和服务的监管约束，激发创新活力。

> 虚拟沙箱（Virtual sandbox）：虚拟沙箱被称为**产业沙箱**（Industry sandbox），是指由行业引入，使金融科技能够在不进入真正市场的情况下测试其解决方案的环境。产业沙箱使用公共数据集提供的数据运行测试，然后邀请目标客户尝试新的解决方案。在这种环境下，没有消费者损失风险、市场完整性风险或金融稳定性风险。这种环境还可以使金融机构、金融科技公司和其他感兴趣的各方（如学术界）之间进行合作，以更快速和更可靠的方式开发出金融创新解决方案。

> 伞形沙箱（Umbrella sandbox）：依据行业规则，非营利性的公司以沙箱分支机构的方式成立。尚未经过验证的金融创新可以在伞形沙箱的实时监控之下提供他们的服务。伞形沙箱需要金融监管机构的授权，并接受金融监管机构的监管。

从上面的定义可以看出，监管沙箱是由行业监管部门主导，目的是帮助监管机构加强对金融创新的理解，并在必要的时候完善监管规则；产业沙箱是由金融机构或者机构联盟运营，目的是促进金融科技在行业内的应用与发展；伞形沙箱实质上相当于自律性行业组织或者地方性金融监管机构，目的是规范金融科技创新的运行。

从我国的金融科技创新发展过程来看，在创新出现的初期，监管部门多是以包容的态度支持并密切关注科技创新的发展，在创新发展到一定规模的时候再对创新中出现的问题予以规范。这一理念在支付科技、征信科技以及互联网金融领域的发展轨迹上都有具体展现。这一方面符合我国司法与监管制度的成文法特征，另一方面也是我国金融科技领域实现"弯道超车"、领先全球金融科

技发展的重要体制机制背景。[⊖]

因此，秉持金融供给侧结构性改革中"支持科技创新、防范金融风险"的指导理念，金融科技沙箱在我国的落地发展路径应该是：从产业沙箱（支持科技创新、促进行业发展），到监管沙箱（完善监管规则），再到伞形沙箱（规范行业运行），如图 6-13 所示。

图 6-13 我国金融科技沙箱的落地发展路径

参考英国金融创新协会 Innovate Finance 对国际产业沙箱的总结[⊜]，以及国际大型金融机构在产业沙箱上的运行经验，可以从目标、原则和生态三个方面定义新金融时代的金融科技产品。

1. 金融科技产业沙箱的目标

针对国内新金融的理念和发展情况，金融科技产业沙箱的目标主要包括以下四点：

第一，系统化引领金融科技创新技术与产品在金融行业的落地，推进普惠金融，增强金融服务实体经济能力；

⊖ 张景智. "监管沙盒"的国际模式和中国内地的发展路径［J］，金融监管研究，2017（05）.

⊜ Innovate Finance. A Blueprint For An Industry – Led Virtual Sandbox For Financial Innovation［R/OL］. https：//www.innovatefinance.com/reports/，2016.

第二，发布金融机构业务场景需求，通过创新中心与加速器孵化金融机构业务场景需要的金融科技，降低金融机构的运营成本，提升金融服务效率；

第三，落实"科技赋能金融，金融赋能社会"，通过产业沙箱输出金融机构金融工具能力，如支付、结算等，并与社会应用场景结合，使金融服务延伸化、嵌入化、场景化；

第四，在鼓励金融科技应用创新的同时防范风险，针对金融科技的创新风险能够"看得见""说得清""管得住"。

2. 金融科技产业沙箱的原则

2019 年 10 月 12 日，北京银保监局印发《关于规范银行与金融科技公司合作类业务及互联网保险业务的通知》（京银保监发〔2019〕310 号）（以下简称《规范通知》），对金融科技公司进行了明确的定义，并要求金融机构对合作金融科技公司建立准入、评估和退出机制。《规范通知》的发布，在对金融科技的技术和业务评估测试要求上与产业沙箱相呼应。《规范通知》为在我国对金融科技创新实施基于产业沙箱的自律监管提供了政策基础。

作为对金融行业科技创新进行自律监管基础设施，针对金融科技的特征，金融科技产业沙箱的自律监管与评估测试原则如下：

➤ 技术化评估：将监管的规则和合规指标技术化，实现基于自动化测试系统全程技术化评估；将监管与合规要求代码化，嵌入金融应用的智能合约中，实现事前和事中评估。

➤ 穿透式评估：技术上，穿透到系统的底层技术、数据和合约代码；业务上，穿透到金融科技应用所形成的法律关系本质，评估是否以创新形式掩盖非法目的。

➤ 持续性评估：技术上，金融科技的技术和应用代码迭代更新，需要持续

性评估与测试；业务上，需要持续跟进以实现风险可控的金融科技创新发展和
投资者保护。

3. 金融科技产业沙箱的生态

金融科技产业沙箱提供一套完整的金融科技生态系统，包括数据、应用程
序接口（API）、业务场景等资源，从而提升金融科技解决方案的开发速度，并
让金融创新加速与现有业务与技术体系的融合（见图 6-14）。

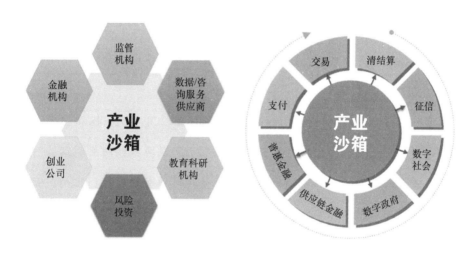

图 6-14　金融科技产业沙箱生态建设

从参与者生态上，金融科技产业沙箱的参与者包括金融机构、创业公司、
数据/咨询服务供应商、风险投资、教育科研机构以及监管机构。其中金融机构
和创业公司是产业沙箱生态的主角，数据/咨询服务提供商为产业沙箱提供基础
的数据和参考规范，风险投资、教育科研机构和监管机构作为观察员，在合适
的时候参与生态，提供监管指导、学术支持以及资金扶持。

从技术与业务生态上，一方面，产业沙箱以 API 的方式提供金融行业的基
础功能支持，如支付、交易、清结算、征信等；另一方面，产业沙箱中接入或

者模拟金融科技的社会应用场景，如普惠金融、供应链金融、数字政府、数字社会等。

产业沙箱的生态建设随着产业沙箱的定位与目标不同而进行调整，随着产业沙箱的运作成熟而不断丰富。产业沙箱将成为新金融时代金融科技与监管科技创新的基础设施。

金融科技应用的评估机制是产业沙箱的核心功能。根据金融行业的特点，金融科技创新应用的评估机制包括以下三个主要方面：

➤ 金融科技创新的效用评估：金融科技创新是否满足了真实需求，是否提升了金融服务的能力和效率，以及如何通过技术与业务指标量化评价金融科技创新的效用。

➤ 金融科技应用的安全稳定性评估：金融行业应用对安全性和稳定性有严格的要求。特别是现有的金融科技创新多是基于互联网和移动互联网，网络安全是尤其重要的问题；另外互联网应用的流量具有独有的特征，比如，互联网支付的流量集中在早8点左右出现高峰。金融科技应用要有足够的系统弹性应付突发流量。

➤ 金融科技创新的风险与合规性评估：事实证明，没有监管与合规的金融创新往往会走向"资金池""非法集资"等违法违规操作，远有金融历史上的各种"庞氏骗局"，近则有P2P、第三方支付、区块链ICO（首次币发行）中的各种乱象可以证明。因此，针对金融科技创新必须进行合规性评估。产业沙箱应支持的基础性应用合规评估机制包括：客户身份识别（KYC/AML）、交易行为监控、合规数据收集与报送、金融压力测试等。

除上述基础性评估机制之外，产业沙箱还要建立一套针对特殊需求的应用评估制度，跟进监管合规需求与金融科技创新的变化。

6.3.4 协助地方金融监管防骗反诈

在新一轮党政机构改革及事业单位分类改革中,地方"金融服务办公室"统一改制为地方"金融监督管理局",突出强调了地方政府协调、管理、监督地方金融发展的监管职能。根据中央部署,地方金融监督管理局的监管范围是"7+4",具体为:负责对小额贷款公司、融资担保公司、区域性股权市场、典当行、融资租赁公司、商业保理公司、地方资产管理公司等金融机构实施监管,强化对投资公司、农民专业合作社、社会众筹机构、地方各类交易所等的监管。在地方金融局的新职责中特别强调:要协助做好地方金融机构管理工作;监管地方金融组织(7+4类及网络借贷信息中介机构);履行地方金融监管兜底责任。地方金融治理要"化被动为主动",不断提升主动发现、提前预警金融风险的能力,实现对涉众金融风险的"打早打小",切实保障广大群众和投资者的资金财产安全。

近年来,区块链、人工智能、大数据等新技术蓬勃发展,在金融领域形成了明显的技术溢出效应,金融行业跨地域、跨领域特征愈发明显,而地方金融监管资源又相对紧缺,监管能力相对薄弱,这都对地方金融监管形成了较大压力。运用监管科技成为地方金融监管的一个大方向。

在P2P风险处置中,地方金融监管部门也开始运用监管科技手段。2018年8月,广东省内第二批共7家P2P平台API(即"非现场实时监管系统实时报送接口")对接广东省网络借贷信息中介非现场实时监管系统(2.0版)正式上线。该系统已完成广州市内8家P2P平台API对接,另有30多家P2P平台向防控中心提交了API对接申请,将有序接入。P2P非现场实时监管系统实时报送接口涵盖借款人、出借人、项目、投标、还款、运营及账户资金等信息,P2P可通过API自动实时向非现场监管系统报送数据。此举提高了P2P报送数据的真实性、完整性和时效性，避免数据被篡改，做到 P2P 平台数据库与非现场监管系统实时对接，更真实地反映平台运营及风险情况，有效促进区域内互联网金融风险防控工作的科学化、精细化。

在国内实践中，深圳市地方金融监督管理局是较早发力于地方金融监管科技关联业务的先行者，在过去几年中，连续打造了多组监管相关的产品条线（见图6-15）。例如，为用户累积挽回10亿元损失的鹰眼反欺诈系统、3个月冻结欺诈资金超过6.5亿元的神侦资金流查控系统、使区域伪基站案发率下降70%的麒麟伪基站检测系统、使区域网络诈骗案发率日均下降50%的神荼网址反诈骗系统等。

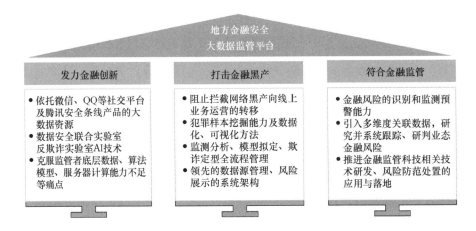

图 6-15　监管科技赋能地方金融乱象治理

随着数字经济和人工智能技术的快速发展和广泛应用，人类社会逐步进入智能时代。只有真正深度应用科技全面融入和改变金融行业本身的运行逻辑和服务能力，不断拓展、优化金融生态的表现形式和安全、高效、可持续发展，金融行业的发展才能进入以智能金融为代表的、科技与金融深度融合与变革的数字新金融时代。

　　未来，全球金融的增长点在于金融科技，国际金融竞争的焦点也在金融科技。根据中美第一阶段经贸协议，我国金融服务市场将全面开放，国内金融机构将迎来前所未有的挑战。在此背景下，持续创新数字化、网络化、智能化的金融产品和服务，全面提升金融科技应用水平，充分发挥金融科技的赋能作用，不断增强金融风险的防范能力，将金融科技打造成金融高质量发展的"新引擎"，更好地服务实体经济和金融消费者，才能更好地应对来自国际金融机构的竞争。

第 7 章

数字世界的未来畅想

7.1 数字孪生， 镜像世界

在 2019 年中国国际大数据产业博览会上，《连线》杂志创始主编、《失控》作者凯文·凯利发表了以"数字孪生，镜像世界"为主题的演讲。这是凯文·凯利对未来 20 年数字世界的描绘，就像世界上所有信息的连接（互联网），以及人与人之间的连接（社交媒体）一样，数字孪生和镜像世界将物理世界与虚拟的数字信息连接起来，在人与计算机之间创造出一种无缝的交互体验。

7.1.1 数字孪生（Digital Twin）

数字孪生，是充分利用物理模型、传感器更新、运行历史等数据，集成多学科、多物理量、多尺度、多概率的仿真过程，在虚拟空间中完成映射，从而反映相对应的实体装备的全生命周期过程。

NASA（美国国家航空航天局）最早将数字孪生的理念应用在阿波罗计划中，开发了两种相同的太空飞行器，以反映太空的状况，进行训练和飞行准备。通过传感器实现与飞机真实状态完全同步，这样每次飞行后，根据结构现有情况和过往载荷，及时分析评估是否需要维修，能否承受下次的任务载荷等。[⊖]在产业界，数字孪生的概念最早由美国密歇根大学教授迈克尔·格里弗斯（Michael Grieves）于 2003 年提出，并应用于产品生命周期管理。2014年，迈克尔·格里弗斯在其撰写的 *Digital Twin：Manufacturing Excellence through Virtual Factory Replication*（《数字孪生：通过虚拟工厂复制实现卓越制造》）白皮书中对数字孪生的理论和技术体系进行了系统的阐述。在此之后，数字孪生逐渐被产业界广泛接受。数字孪生被 Gartner（高德纳）公司评为未来最为重要的十大关键技术之一。Gartner 公司认为，到 2021 年，一半的大型工业公司将使用数字孪生，从而使这些组织的效率提升 10%。数字孪生的发展历程如图 7-1 所示。

从概念上来看，数字孪生有几个核心点：[⊖]

- 一是物理世界与数字世界之间的映射。

- 二是动态的映射。

- 三是不仅仅是物理的映射，还是逻辑、行为、流程的映射。比如，生产流程、业务流程等。

- 四是不单纯是物理世界向数字世界的映射，而是双向的关系，也就是说，数字世界通过计算、处理，也能下达指令，进行计算和控制。

- 五是全生命周期，数字孪生体与实物孪生体是与生共有、同生同长的，任何一个实物孪生体发生的事件都应该上传到数字孪生体作为计算和记录，实物孪生体在这个运行过程中的劳损，比如故障，都能够在数字孪生体的数据里有所反映。

⊖ Glaessgen E., Stargel D. The Digital Twin Paradigm for Future NASA and U. S. Air Force Vehicles, 53rd Structures ［C］. Structural Dynamics and Materials Conference, 2012.

⊖ Grieves M. Digital Twin：Manufacturing Excellence through Virtual Factory Replication ［R］. Michael W. Grieves, LLC, 2014.

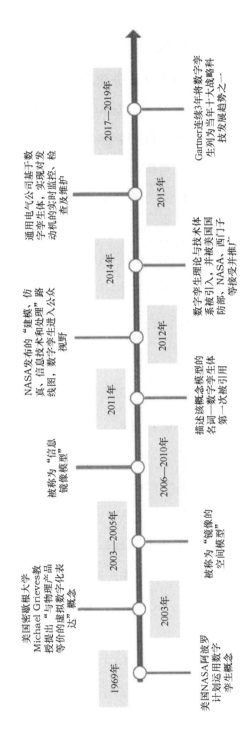

美国密歇根大学
Michael Grieves教
授提出 "与物理产品
等价的虚拟数字化表
达" 概念

被称为 "信息
镜像模型"

NASA发布的 "建模、仿
真、信息技术和处理" 路
线图，数字孪生进入公众
视野

通用电气公司基于数
字孪生体，实现对发
动机的实时监控、检
查及维护

1969年　2003年　2003—2005年　2006—2010年　2011年　2012年　2014年　2015年　2017—2019年

美国NASA阿波罗
计划运用数字孪
生概念

被称为 "镜像的
空间模型"

描述该概念模型的
名词—数字孪生体
第一次被引用

数字孪生生理论与技术体
系被引入，并被美国国
防部、NASA、西门子
等接受并推广

Gartner连续3年将数字孪
生列为当年十大战略科
技发展趋势之一

图 7-1 数字孪生的发展历程

　　数字孪生诞生于工业生产制造领域，但是数字孪生目前的应用远远超越工业制造领域。数字孪生催生智慧城市 2.0。随着 ICT（信息、通信、技术）成为智慧城市发展的主要动能，移动通信、互联网、云计算、物联网、人工智能、大数据在智慧城市都得到了广泛应用。全域感知、数字模拟、深度学习等各领域的技术发展也即将迎来拐点，这使得城市的数字孪生应运而生。

　　智慧城市把新一代信息技术充分运用在城市中的各行各业，是基于知识社会下一代创新的城市信息化高级形态。智慧城市实现信息化、工业化与城镇化深度融合，有助于缓解"大城市病"，提高城镇化质量，实现精细化和动态管理，并提升城市管理成效和改善市民生活质量。

　　数字孪生在智慧城市发展与建设中的核心价值在于，它能够在物理世界和数字世界之间全面建立实时联系，进而对操作对象全生命周期的变化进行记录、分析和预测。智慧城市中的数字孪生有四个发展阶段（见图 7-2），分别是：

- 对城市现状进行精准、全面、动态映射的现状孪生；
- 从历史数据中学习、分析、识别、总结并发现城市运行规律的学习孪生；
- 人工监督下模拟不同环境背景下的发展情景的模拟孪生；
- 通过实时数据接入与人工智能自动决策的自主孪生。

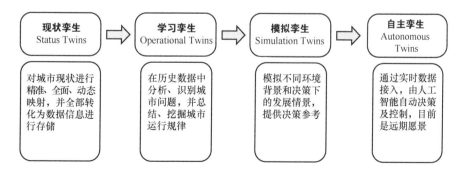

图 7-2　数字孪生的四个发展阶段

智慧城市数字孪生的发展还有很长一段路要走。数字孪生高度依赖物联网所采集的数据和信息，而从目前的技术水平来看，精细化尺度下城市数据的全域感知和历史多维数据的获取，依旧有难度。智慧城市物理实体空间的数据还不够详尽，仅处于现状孪生的初级建设阶段。

7.1.2　镜像世界 （Mirror World）

镜像世界，是耶鲁大学计算机科学家大卫·格伦特（David Gelernter）于1991年提出的概念。镜像世界是将一些巨大的结构性的运动的真实生活，像镜像图景一样嵌入电脑中，通过它，你能看到和理解这个世界的全貌。

如今人类已进入大数据文明当中，承载大数据的数字平台是用户的应用中枢，更是重要的基础设施，根据发展路径，数字平台可以分为三个阶段：

● 第一个数字平台是基于互联网，人类可以把所有信息进行数字化并互联，使知识受制于算法的力量，这个时代的代表者是谷歌、百度等公司。

● 第二个数字平台是人类关系网络，人类的行为和关系置于算法的力量之下，可以进行数字读取，代表者是脸书和微信。

● 第三个数字平台就是镜像世界，它将整个现实世界都1∶1映射变成数字社会，这其中大数据、人工智能、区块链都将作为基础技术加以应用。

现实中的人和虚拟的人也可以成为一个镜像，当真实和虚拟进行叠加后，整个世界都变成机器可读的世界。

人们可以去搜索世界上的任何东西，只要有信息就可以做任何事情，也可以对这个世界进行归类，把它变为一本目录，所有与互联网连接的东西都将连接到镜像世界。

镜像世界融合了当下多种技术，比如人工智能、VR/AR（增强现实）等，但想真正实现镜像世界还需要大量的基础设施，同时需要计算机科学的突破，既需要实时操作的数据又需要新算法、新的计算机科学突破来处理。

在镜像世界里，像苹果智能语音助手 Siri 这样的人工智能助理将有一个具象化形象，可以与人类产生互动。它们将来不仅能够听见人类的声音，还能看到人类的虚拟化身，捕捉到脸部、手臂之类的动作变化、细微表情和情绪波动。

未来的数字世界将被数据所包围，不管是建筑还是虚拟的人物都会由数据组成，所有这些数据都要抓取，然后进行处理、存储，这将是一个规模庞大的数据量。

在大数据的世界，镜像世界的另一大优势在于你可以随时随地组织数据，可以将有关建筑物的数据放在建筑物本身所处的地方，一切都是三维的。这样组织数据就好像电脑桌面上的文件夹，帮助人类建立对三维世界的感知。

7.2　数字化技术驱动未来

数字孪生的出现源于感知、网络、大数据、人工智能、控制、建模等技术在最近十年的集中爆发。尤其是传感器和低功耗广域网技术的发展，将物理世界的动态，通过传感器精准、实时地反馈到数字世界里。数字化、网络化实现由实入虚，网络化、智能化实现由虚入实，通过虚实互动、持续迭代，实现物理世界的最佳有序运行。

根据德勤研究报告$^{\ominus}$的观点，数字孪生由以下六大部分组成：

- 一是传感器：物理世界中的传感器负责搜集数据、传递信号；
- 二是数据：传感器提供的实际运营和环境数据与企业的生产经营数据合

$\ominus$　德勤咨询，2019 技术趋势报告：超越数字化 ［R］. 2019.

并形成数字孪生的数据来源；

- 三是集成：传感器通过集成技术（包括边缘计算、通信接口等）实现物理世界和数字世界之间的数据传输；

- 四是分析：利用分析技术开展算法模拟和可视化程序，进行大数据分析；

- 五是模型：基于上述数据与信息，建立物理实体和流程的数字化模型，通过模型计算物理实体和流程是否出现错误偏差，从而得出解决错误偏差的方式和行动；

- 六是控制器：基于模型计算的结果，通过控制器开展行动，调整和纠正错误。

以数据为核心的城市生态链构架了智慧城市的顶层设计，形成以共享信息为中心、各行业协同实现的"感知–应用–共享信息"的智慧城市模式。在区块链、大数据、人工智能、云计算、物联网等新兴数字化技术的推动下，多维的海量城市数据也逐步以不同方式被挖掘并应用在智慧城市的研究和实践中。

数字孪生的核心原则是：对于一个物理实体或资产来说，数字等价物存在于虚拟世界中。复制一个实体——无论是机器、基础设施还是生物——数据是极其重要的。所需数据的性质将超越目前收集的数据。由物理属性、对象间交互和未来状态组成的新数据流将在数字世界和物理世界之间无缝交换。

数据的真实、准确、完整、安全是数字孪生的基础。就公共基础设施而言，错误的数据会导致城市治理的混乱；就企业而言，篡改基础数据可能导致预测出现偏差，使竞争走上错误的轨道；就个人而言，任何人都不愿意看到自己的健康状况被泄露，并围绕它推销产品。

区块链技术使数字孪生走上正轨。以区块链技术的核心特性——不可抵赖伪造、不可篡改、智能合约、分布式共享账本——为骨干，数字孪生能够更好地创新，并保持数据的可信与安全。

物联网设备从物理世界收集数据并传输到数字世界，可以使用区块链技术提供保护，保证数字孪生程序的数据不变性。物理世界的历史可以准确地存储和回放。通过使用区块链智能合约，多方利益相关者、合作者和竞争各方可以被置于一个公平开放的数字孪生交互场景。利益相关方成为把关人，在不损害敏感信息和集体利益的前提下，加强透明度和问责制。区块链技术实现了物理世界和数字世界的可信连接（见图 7-3）。

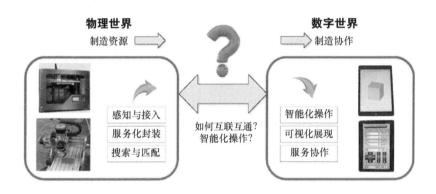

物理世界　制造资源　➡

数字世界　制造协作　➡

感知与接入
服务化封装
搜索与匹配

如何互联互通？
智能化操作？

智能化操作
可视化展现
服务协作

图 7-3　区块链实现物理世界与数字世界的可信连接

值得注意的是，所有关于数字孪生的描述与讨论都局限在物理世界实体与数字世界的映射与交互上，没有涉及物理世界经济活动与信息的映射。要实现真正的镜像世界，必须将与物理世界有关的经济活动与信息同步映射到数字世界。典型的，如城市基础设施工程建设领域，必须要将建设过程中的工程造价信息同步镜像。区块链为资产属性的完整数字镜像以及未来的经济活动数字化提供解决方案。

在数字孪生、镜像世界理念的引领下，在数字化技术的驱动下，人类社会数字化迁移的大潮即将到来。

后　记

在本书出版的过程中，数字化大潮正在我国持续而深入地发展，各地政府陆续出台政策将数字经济建设列入本省"十四五"战略发展规划。本书扎根于我国国情，将书命名为《**数字化改革：场景应用与综合解决方案**》是因为我们认识到，数字化大潮的深入推进离不开政府，而**"改革"**一词代表了政府的主动作为。

第一，数字化大潮的深入发展，将推动生产关系适应数字化时代的发展规律和特点，充分发挥市场在资源配置中的决定性作用，更好地发挥政府作用，突破要素流动不畅、资源配置效率不高等制约高质量发展的瓶颈。生产关系的调整需要政府的监管，避免出现不公平现象，脱离我国新时代社会主义的发展方向。

第二，在数据成为生产要素的制度下，在《中华人民共和国数据安全法》《中华人民共和国个人信息保护法》等法律框架下，如何对数据进行确权、使用、流转，需要有为政府进行推动。目前看来，成立国资控股的地方性大数据交易所（中心）是一个可行的探索方向。

第三，数字政府的建设将改善地方的营商环境、提升政府决策效率、推进政府角色的转变，促进政府职能由管理向社会治理转变。这需要政府内部体制机制的调整，为数字政府的建设提供制度环境。

第四，我国的基层社会治理经历了"单位制"和"街居制"，正在向"社区制"方向探索。基于智慧社区建设基层治理共同体，一方面，前期的智慧社区建设需要政府的指导和支持；另一方面，基层治理共同体的建设需要现有街居体系政府工作人员的引导与动员。

第五，产业的数字化转型也需要政府的引导和支持。很多政府已经建立了"链长"制度推进产业链健康发展。基于供应链金融进行产业纵向整合，前期需要政府对核心企业教育、动员、激励；政府对食品药品质量监管也将成为商品溯源的最直接需求；企业组织方式的转变也需要工商、税务部门对商业模式的认可和监管风控模型的升级；新兴产业分布式建设的可信交易也需要政府的前期引导。总之，在产业数字化转型中，有为政府是有效市场形成的重要推动力量。

第六，金融是强监管行业，互联网金融行业出现的问题让监管机构更加清楚脱离监管的金融给人民造成的危害。一方面，未来的金融科技发展将在监管机构更严格的监管之下，监管参与的金融科技沙箱将会成为未来金融科技创新的主要渠道；另一方面，政府拥有最全面的社会、经济数据，如何将数据与金融服务结合，需要政府的推动。

综上原因，本书行文从国家政策，到理论支撑，再到数字化技术赋能，利用各种场景应用及其综合解决方案，阐述数字化改革的理念、目标与效果，希望能够给政府公务人员以启发，给数字化从业人员以借鉴，进而使其具备数字化思维，提升全行业的数字化素养。

现实中，所有的数字化综合解决方案都是各种数字化技术的综合应用。然而区块链作为一项新兴技术，仍被社会以各种方式曲解，特别是一些别有用心的人打着区块链的名义行违法之事，这不仅蒙蔽了普通大众，也阻碍了部分区块链真实应用的落地。因此本书的各种案例特别强调了区块链的价值。

限于本书的定位和篇幅，书中的案例并未提供太多技术细节，读者如果对区块链技术及其创新应用有兴趣，请参考《区块链社会》一书；如果对金融科技及其发展有兴趣，请参考《智能时代的新金融》一书，如图 1 所示。

图 1　扩展阅读书籍

如书中所述，在数字化技术的驱动下，人类社会数字化迁移的大潮即将到来，我们将会在数字化领域围绕社会智能化转型过程中面临的重大治理问题，以社会实验为主要技术手段，发挥数字化技术应用场景丰富的优势，持续系统研究与总结，与读者共同分享，携手在数字化大潮中弄潮逐浪。